納得しながら学べる
物理シリーズ 5

納得しながら
物理数学

岸野正剛

［著］

朝倉書店

まえがき

　本書では物理数学が何らかの実際の役に立つことを目的として書きました．本書が有益であるためには，まずは読んでよくわかり，かつ面白くなければ，読者の方も読む気が起こらないので，親しみをもって，納得して楽しく読めるように工夫を施しました．

　役に立つといっても，それにはいろいろあるでしょうが，本書では，A. 物理学などを学ぶために役に立つ，B. 日々の仕事をする上で役に立つ，C. 専門書を読むときに役に立つ，D. 生活の役に立つ，そして，E. 理系の教養を積む上で役に立つ，などを考えました．

　こうした目的を達成するためには，わかりやすくて親しみやすいことが重要になると思い，まずこれらに気を配りました．また，役に立つには物理数学の公式を理解することや，覚えることだけでは不十分で，具体的にどのようにして公式を使うかがわからなければ，実際に役に立たないので，使用例を示し，問題を具体的に解き，解き方を解説して示すことにしました．

　序章から順に，この本の特徴や役に立つ事柄をランダムに抜粋しますと，次のようになります．

　(1) 序章には，物理数学に親しんでもらうために，平易な物理数学の応用例をランダムに示しました．

　(2) 1 章では，一般には難しいと思われている事項も先入観なしに平易にわかるように工夫して説明しました．例えば，grad, div, rot などの微分演算子は，見ただけで敬遠する人もいますが，ベクトルの基礎演算法が会得できていて，その意味が理解できていれば，これらの微分演算子が入った式も，すいすい楽しく演算できることを示しました．

　(3) 2 章では，幅広い読者層を考えて微分と積分のやさしい基本事項を説明し，

簡単で便利に微分・積分の演算ができる簡単な公式とその使い方を解説しました．また，少しアドバンスな部分積分の知識があれば，4章で述べる微分方程式が容易に解けるだけでなく，公式などの導出法も理解ができる場合があることも示します．例えば，5章で述べるフーリエ係数の導出にも部分積分法は不可欠です．

(4) 3章の数式の展開と近似計算では，これらが日常生活におけるちょっと厄介な計算にも便利に使える道具だということを，具体例を使って説明します．

(5) 4章の微分方程式では，身の周りの自然現象（の法則）が微分方程式で表されることを，具体例をもって説明し，解き方も用例を多用してやさしく説明しました．ともかく，この章では微分方程式を解くこと，しかも平易に解くことを重視しました．

(6) 5章のフーリエ級数は，夜中にトイレの中に本を持ち込んで読んだともいわれる，貧しくも勉強熱心だったフーリエが発見した面白い道具で，どんな関数でも級数に展開できるという便利な数学の手法です．

(7) 6章では，少しアドバンスな複素関数を解説しました．複素関数は，普通に使う数字の実数と人工の産物である虚数を組み合わせた関数（複素関数）を使うだけで，特に難しいものではありません．ここでは便利な公式がいくつか出てきます．その中には留数の定理もありますが，留数というのは文字通り残りものですが，残りものには福があり，留数は難しい積分の計算に役立ちます．このからくりもやさしく説明します．

　思い起こしますと，数十年前筆者の学生時代には教科書も参考書も難しく，勉強しようと開いてみてもサッパリ理解できないのには悩みました．このときは本の著者を恨めしく思ったものです．ことにその道の権威といわれた大先生の執筆された著書の難しいことには閉口した経験があります．ところが，その後わかったことですが，書物の執筆について日本国には奥ゆかしい伝統があることを知って驚きました．そして，'だから難しい本が多いのか！'と半分は納得した経験があります．

　というのは，'本というものは，読者が自分の才覚で深くも浅くも自由に読めるように，あまり噛み砕いて書かないのが，日本人らしく奥ゆかしい！'という伝統があることを知ったのです．しかし，こうした伝統のお陰で若い頃，本の理解に苦労した経験から，これまでできるだけ，噛み砕いてやさしく執筆するように心掛けてきたし，本書においてもこの方針は踏襲しました．

まえがき

　確かに，法則を表すような数式には発見者の深い思想が込められている場合もあり，軽々に噛み砕いてやさしく書くと，読者の深く知りたいという願望を削ぐ結果になりかねません．例えば，名前だけなら大抵の読者が知っている電磁気学のマクスウェル方程式や量子力学のシュレーディンガー方程式には確かに深い意味があります．

　そうは言っても，こうした法則を表す微分方程式が，やさしい説明もなしに使われたのでは初学者は何のことだかチンプンカンプンということになりそうです．このように考えて，深く読みたいという読者の願いを無視しているところがある点は否めませんが，本書では敢えてやさしく書く方を採用しましたので，ご了承頂きたいと思います．

　ともかく，読者の多くの方が本書を通じて物理数学の基本を学び，物理数学を楽しみ，そして，物理数学をいろいろな事柄に役に立てて頂ければと願っています．

2016 年 3 月

岸 野 正 剛

目　次

0. **序章　納得して学べば難しくない物理数学** ……………………… 1
   0.1 定理を表す数式も数式の内容がわかると理解しやすい ………… 1
      0.1.1 行列は複雑な現象を簡潔に取り扱う道具 ……………… 1
      0.1.2 3次元の一般式も数式の意味がわかれば納得できる ……… 2
      0.1.3 物理数学を裸にする二三の例 …………………………… 3
   0.2 基本的な物理数学の項目に限る ………………………………… 11

1. **ベクトルと行列** ……………………………………………………… 15
   1.1 ベクトルと単位ベクトル ………………………………………… 15
   1.2 ベクトルの基礎演算 ……………………………………………… 16
   1.3 行列とベクトル …………………………………………………… 20
   1.4 行列の演算 ………………………………………………………… 22
   1.5 1次変換 …………………………………………………………… 25
   1.6 逆行列 ……………………………………………………………… 27
   1.7 行列式 ……………………………………………………………… 32
   1.8 grad, div, rot とその意味，および重要な公式 ……………… 39
   1.9 ベクトルを使った重要な公式 …………………………………… 45

2. **複素数，微分，そして積分** ………………………………………… 48
   2.1 虚数と複素数 ……………………………………………………… 48
      2.1.1 純虚数 ……………………………………………………… 48
      2.1.2 複素数と虚数 ……………………………………………… 49
   2.2 微分の定義と導関数 ……………………………………………… 52
      2.2.1 微分と微分の定義 ………………………………………… 52

2.2.2　基本的な関数の導関数 ………………………………… 54
　　2.2.3　微分法の公式 …………………………………………… 54
　　2.2.4　偏　微　分 ……………………………………………… 56
　2.3　積分の定義と原始関数 ………………………………………… 57
　　2.3.1　定積分と不定積分の定義 ………………………………… 57
　　2.3.2　基本的な関数の原始関数 ………………………………… 59
　　2.3.3　置換積分法と部分積分法 ………………………………… 60

3. 関数の展開式と近似計算法 …………………………………… 63
　3.1　関数の展開式 …………………………………………………… 63
　　3.1.1　級数について ……………………………………………… 63
　　3.1.2　テイラーの公式 …………………………………………… 65
　　3.1.3　テイラー級数とマクローリン級数 ……………………… 68
　3.2　近　似　計　算 ………………………………………………… 72
　　3.2.1　近似理論と近似計算について …………………………… 72
　　3.2.2　よく使われる近似計算とそのご利益 …………………… 72
　　3.2.3　無理数とネイピア数の近似計算 ………………………… 75
　　3.2.4　スターリングの公式 ……………………………………… 77

4. 微分方程式 ………………………………………………………… 81
　4.1　微分方程式の有用性と正体 …………………………………… 81
　　4.1.1　不思議な物理現象の謎が解ける微分方程式 …………… 81
　　4.1.2　微分方程式の正体と種類 ………………………………… 84
　4.2　1階線形微分方程式を使って表す微分方程式の解と解法 …… 87
　　4.2.1　一般解，特殊解（特解），および特異解 ………………… 87
　　4.2.2　変数分離形法 ……………………………………………… 88
　　4.2.3　同　次　形　法 …………………………………………… 89
　　4.2.4　1階線形微分方程式の解および未定係数法と定数変化法 … 90
　4.3　2階線形常微分方程式 …………………………………………… 94
　　4.3.1　定係数2階線形常微分方程式 …………………………… 94
　　4.3.2　定係数2階微分方程式における同次方程式の解法 ……… 95

4.3.3　定係数2階線形微分方程式の非同次方程式の解法 · · · · · · · · · · · · 98
　4.4　連立微分方程式 · 104
　　　4.4.1　連立微分方程式の構成と特徴 · 104
　　　4.4.2　連立微分方程式の解法の基本と具体的な解法 · · · · · · · · · · · · · · · · · 105

5.　フーリエ解析 · 109
　5.1　フーリエ解析の内容と誕生の経緯 · 109
　5.2　フーリエ級数 · 110
　　　5.2.1　周期関数の三角関数による級数展開 · 110
　　　5.2.2　フーリエ係数 · 115
　　　5.2.3　フーリエ級数の微分 · 120
　　　5.2.4　複素フーリエ級数 · 121
　5.3　ディラックのデルタ関数 · 123
　5.4　フーリエ変換 · 126
　　　5.4.1　フーリエ変換とフーリエ逆変換 · 126
　　　5.4.2　フーリエ変換の適用例 · 128
　5.5　ラプラス変換 · 129
　　　5.5.1　ラプラス変換とその条件 · 129
　　　5.5.2　ラプラス逆変換 · 131
　　　5.5.3　導関数のラプラス変換 · 132
　　　5.5.4　ラプラス変換の微分方程式の解法への応用 · · · · · · · · · · · · · · · · · · 133

6.　複素関数論 · 136
　6.1　複 素 関 数 · 136
　　　6.1.1　複素数と極形式 · 136
　　　6.1.2　偏角と三角不等式 · 138
　　　6.1.3　複素関数のさまざまな姿 · 139
　6.2　正 則 関 数 · 145
　　　6.2.1　複素関数の正則性とコーシー–リーマン方程式，および調和関
　　　　　　数 · 145
　　　6.2.2　等 角 写 像 · 150

- 6.3 複素積分とコーシーの定理 153
  - 6.3.1 複素積分 153
  - 6.3.2 コーシーの積分定理 155
  - 6.3.3 コーシーの積分定理の威力 156
  - 6.3.4 コーシーの積分公式 159
- 6.4 複素関数の級数展開 161
  - 6.4.1 テイラー展開 161
  - 6.4.2 ローラン展開 163
- 6.5 留数と極および解析接続 166
  - 6.5.1 留数 166
  - 6.5.2 留数の計算の仕方 169
  - 6.5.3 留数の実積分への応用 173
  - 6.5.4 解析接続 176

A. 演習問題の解答 178

B. 参考図書 192

索引 193

Chapter 0

序章 納得して学べば難しくない物理数学

　物理数学は物理学で使われる各種の数学的手法の総称です．このため見慣れない数式や定理も多く，難しいと敬遠する人もいますが，その必要ありません．このことをこの章で二三の例を挙げて説明することにします．物理数学は初学者も含め多くの（分野や経歴の）人々が学びますので，本書で求める予備知識は高校数学レベルとしますが，厳密ではありません．この章は，'こんなことにも使える！'ということを示して物理数学に親しみを感じてもらうのが狙いなので，語句の定義などは省略しました．軽い気持ちで読み流して頂ければと思います．定義から学びたい方は，この章は飛ばして1章から入って頂ければ結構です．最後に本書の概要を簡単に説明しておきます．

 0.1 定理を表す数式も数式の内容がわかると理解しやすい

0.1.1 行列は複雑な現象を簡潔に取り扱う道具

　本書の1章ではベクトルと行列を扱いますが，ここでは，ベクトルや行列の意義や意味，またはその目的などをわかりやすい例を使って説明することにします．まずベクトルは大きさ成分と方向成分をもつ物理量を表すのに便利な数学的な道具です．例えば，身近なベクトル量としては力があります．

　力というと，まずは大きさですが，その力がどのように働くかを考えると，力には方向の情報も必要なことがわかります．しかし，普通の数字は大きさしか表しませんので，大きさと方向の両方を表すことができる数学用語のベクトルという道具が必要になってくるのです．

　力のほかにも，大きさと方向の両成分を示さないと正しく表せない物理量に，簡単に思い付くものだけでも，物が運動する場合の速度や加速度があります．速度は方向を示さないとどの方向に進む運動だかわかりませんし，加速度も正負の方向がわからないと，加速するのか減速するのかが区別できないからです．次に行列ですが，一般には行列は数字を縦横に並べて左右を括弧で囲んだものとされています．しかし，これだけの説明では行列の外見上の形がわかるだけで，数字

をタテとヨコに並べて何のご利益があるのか？となります．実は，行列は複雑な自然現象を簡潔な形で取り扱う上で，都合よく使える便利な道具になっているのです．

また，行列を使うと①ベクトル内容を，数を並べて簡潔に表せることや，②あるベクトルを別のベクトルに変換すること，③ある数式を別の数式に変換すること，そして④ある座標を別の座標に移動することなどもできます．また，行列は⑤連立方程式を解くこともできる便利な道具です．これらの例はこのあと示すことにします．さらには，本書では詳しいことは述べませんが，行列を使うと，2次元や3次元の図形を詳しく考察することもできます．

ついでに付け加えておきますと，興味深いことがあります．量子力学の重要な法則に'不確定性原理'というものがありますが，ハイゼンベルクは運動量 p の行列と位置 r の行列を掛け合わせたものが，掛ける順序を変えると同じ値でなくなることを発見しました．この発見が不確定性原理を導いたといわれます．

奇妙なはなしですが，ハイゼンベルクは発見当時には行列を知らなかったのです．しかし，彼には行列の本質が見えていたと思われます．ともかく，彼の使ったものが数学では以前から知られていた行列だと師のボルンから指摘されて，ハイゼンベルクは驚いたといわれています．

0.1.2　3次元の一般式も数式の意味がわかれば納得できる

物理数学の本に限らず物理学や数学の本でも同じですが，記載されている原理や法則，そして定理などを表す数式には一般式が使われます．定理などを表す式は，この定理が適用できるすべての場合にあてはまる必要があるからです．このためもあって，一般式はベクトル記号を使って簡潔にすっきりした形で記述される例が多く見られます．

例えば，電場 E は電位 V とベクトル記号を使って，次のように簡潔に表されます．

$$\boldsymbol{E} = -\,\mathrm{grad}\ V \tag{1}$$

この式 (1) の grad（の記号）は英語の gradient の略記で，傾きとか勾配という意味をもっています．この grad は演算子とよばれるベクトル記号で，演算子のあとの数（文字）に作用（又は，を説明）するものです．だから，式 (1) の意味は

電位 V の勾配は電場 E を表す，と理解できます．

gradは3次元のベクトル微分演算子で，厳密な数式は1章の1.8節に示しています．gradは1次元では偏微分記号を使って $\partial/\partial x$ となります．偏微分 $\partial/\partial x$ は微分と同じ意味ですので，電位 V の勾配とか，電位 V の微分が電場 E になることを表しています．

これはほんの一例ですが，物理ではこうしたベクトル記号を使った一般式がよく使われます．本書でも，ベクトルを使った一般式も使いますが，必ずやさしい説明を加え，一般式の内容が納得して理解できるように工夫することにします．

0.1.3 物理数学を裸にする二三の例

・ベクトルは1行の縦行列で表される

いま，図0.1に示すように，x, y, z 軸をもつ直角座標空間に3次元ベクトル $\boldsymbol{A}$ があるとしましょう．そして，各座標の単位ベクトル（または基本ベクトル）を x, y, z 軸でそれぞれ $\boldsymbol{i}, \boldsymbol{j}, \boldsymbol{k}$ とすることにします．単位ベクトルは大きさが1で，方向がそれぞれの軸の正方向を向くベクトルです．

これらの単位ベクトルを使いますと，ベクトル $\boldsymbol{A}$ は次の式で表すことができます．

$$\boldsymbol{A} = a_x \boldsymbol{i} + a_y \boldsymbol{j} + a_z \boldsymbol{k} \tag{2}$$

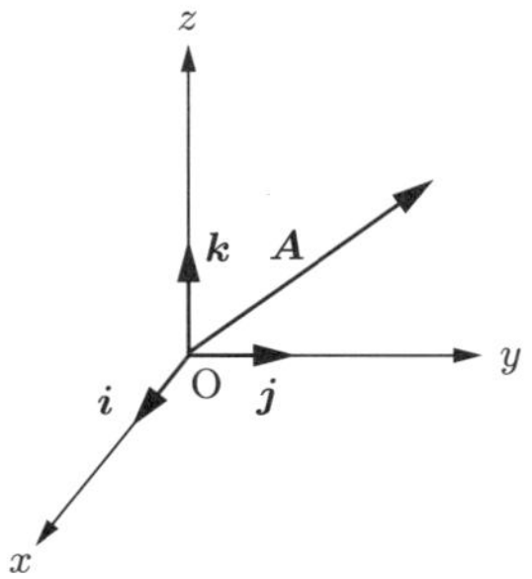

図 0.1 直角座標空間にある3次元ベクトル $\boldsymbol{A}$

この式 (2) における a_x, a_y, a_z はそれぞれ，x, y, z 軸方向の成分を表しています．式 (2) で表されるベクトル $\boldsymbol{A}$ は縦行列を使って，次のように表すことができます．

$$\boldsymbol{A} = \begin{bmatrix} a_x \\ a_y \\ a_z \end{bmatrix} \tag{3}$$

また，次の連立1次方程式も行列を使って表すことができます．

$$\begin{aligned} ax + by &= u \\ cx + dy &= v \end{aligned} \tag{4}$$

すなわち，この式 (4) は行列を使って表すと，次のようになります．

$$\begin{bmatrix} a & b \\ c & d \end{bmatrix} \begin{bmatrix} x \\ y \end{bmatrix} = \begin{bmatrix} u \\ v \end{bmatrix} \quad (5)$$

実は，式 (5) から (4) を導くことができるのですが，これには行列の掛け算の知識が必要です．行列の掛け算については 1 章において詳しく説明しますが，簡単に示すと次のようになります．まず式 (5) の 1 行目の演算では，行列要素 a, b にそれぞれ縦行列の行列要素 x と y を掛け，2 つを加え合わせて u とします．すなわち，これを実行すると $ax + by = u$ の関係式が得られます．また，2 行目は行列要素 c と d にそれぞれ x と y を掛けて加え，これを v とおくと $cx + dy = v$ の関係式が得られます．

・美人を判断する条件を行列で表す

行列は複雑な自然現象を簡潔に表すことができると最初に書きましたが，取り扱うものは自然現象に限りません．日常のありふれた事柄もわかりやすく簡潔に表すことができます．例えば，人の（身体についての）体型は身体の上から順にバスト，ウエスト，ヒップの 3 つの寸法がわかれば，だいたい見当がつきます．バスト 85 cm，ウエスト 55 cm，ヒップ 90 cm の人がいたとします．この人の，これらの 3 値を上から順に並べて縦行列で表すと，次のようになります．

$$\begin{bmatrix} 85 \\ 55 \\ 90 \end{bmatrix} \quad (6)$$

女性ならバストは大きく，ウエストは小さく，ヒップは大きめが魅力的（美人？）とされているようですが，この式 (6) で表されるような行列を何人分か揃え，並べて比較すれば行列は美人審査の資料作りにも使えそうです？

・飲み屋の勘定に行列の演算を使う

また，はなしが変わって友達と飲み屋へ出かけたときの勘定の計算にも行列が使えます．いま，T 氏と K 氏が甲という飲み屋に入って 1 杯やったとしましょう．T 氏と K 氏はそれぞれ 250 円のビールを 2 杯と 3 杯，150 円のつまみを 3 個と 7 個飲食したとします．2 人が甲店で飲食したものを，第 1 列に T 氏の飲食分，第 2 列に K 氏の飲食分を書き，上の行にビールの杯数を，下の行につまみの個数を書いて行列で表すと次のようになります．

$$\begin{bmatrix} 2 & 3 \\ 3 & 7 \end{bmatrix} \tag{7}$$

そして，ビールとつまみの値段を1行の行列を使うと，次のように書けます．

$$\begin{bmatrix} 250 & 150 \end{bmatrix} \tag{8}$$

T氏とK氏の勘定は，式(5)の下（詳しくは1章）に示した演算方法に従って，式(7)の行列要素に式(8)の行列要素を掛けると，次のように勘定できます．

$$\begin{bmatrix} 250 & 150 \end{bmatrix} \begin{bmatrix} 2 & 3 \\ 3 & 7 \end{bmatrix} = \begin{bmatrix} 250 \times 2 + 150 \times 3 & 250 \times 3 + 150 \times 7 \end{bmatrix}$$
$$= \begin{bmatrix} 950 & 1800 \end{bmatrix} \tag{9}$$

だから，T氏が950円，K氏が1800円の勘定となることがわかります．なお，式(9)の演算では，左側の行列は1行だけですので，あとの行列に掛けると1行の行列になります．

ここで，T氏とK氏は2人とも飲兵衛で，飲み屋（甲店）のあと，ビアホール（乙店）へも足を運んだとしましょう．そして，ビアホールでもT氏とK氏は甲の飲み屋と同じだけビールを飲みつまみを食べたとしましょう．しかし，ビアホールの値段は少し安く，ビール1杯が220円でつまみは1個100円でした．

飲み屋とビアホールの両方の店の勘定を行列を使って計算してみましょう．計算方法は式(9)に示した方法と同じですが，ビアホールが新たに加わり値段も両店で違いますので，値段の行列を2行にします．したがって，式(9)では1行の横行列と1行の縦行列の掛け算ですが，今回は次のように2行2列の行列同士の掛け算になります．（行列のかけ算の詳細は1.4節参照）

$$\begin{bmatrix} 250 & 150 \\ 220 & 100 \end{bmatrix} \begin{bmatrix} 2 & 3 \\ 3 & 7 \end{bmatrix} \tag{10}$$

一応説明しておきますと，前の行列では上の行に飲み屋（甲店）のビールとつまみの値段を下の行にはビアホール（乙店）の同じくビールとつまみの値段を書いています．そして，前列に両店のビールの値段を後列に同じくつまみの値段を記しています．

式(10)を計算すると，結果は2行2列の行列になり，次のようになります．

$$\begin{bmatrix} 250 & 150 \\ 220 & 100 \end{bmatrix} \begin{bmatrix} 2 & 3 \\ 3 & 7 \end{bmatrix} = \begin{bmatrix} 250 \times 2 + 150 \times 3 & 250 \times 3 + 150 \times 7 \\ 220 \times 2 + 100 \times 3 & 220 \times 3 + 100 \times 7 \end{bmatrix}$$
$$= \begin{bmatrix} 950 & 1800 \\ 740 & 1360 \end{bmatrix} \quad (11)$$

計算結果を示す式 (11) では，上の行が飲み屋（甲店）の勘定，下の行がビアホール（乙店）の勘定を表しています．また，前の列は T 氏の勘定，あとの列が K 氏の勘定を示しています．この結果，T 氏は甲の飲み屋での支払いが 950 円，乙のビアホールでの支払いが 740 円，K 氏は甲の飲み屋で 1800 円，乙のビアホールで 1360 円，それぞれ支払いということになります．

・**行列と行列式を使って連立方程式を解く**

ツルカメ算の答えが容易に得られる！

　ツルカメ算の問題は慣れた小学生には難しくもなんともないという人もいますが，慣れないと大人でも戸惑います．そこで，行列の応用の 1 つとしてこの問題を行列と行列式を使って解いてみましょう．

　問題：いま，ツルが 10 羽，カメが 10 匹いるとします．両方の足の数を合わせると 24 本でした．ツルとカメはそれぞれ何匹いますか？

　解答：ツルが x 羽，カメが y 匹いたとすると，ツルの足は 2 本，カメの足は 4 本ですから，次の連立方程式が成り立ちます．

$$x + y = 10 \quad (12a)$$
$$2x + 4y = 24 \quad (12b)$$

この連立方程式 (12a), (12b) を解けば答えが得られます．だから，普通に計算してももちろん答えは得られます．しかし，ここでは行列を使って，この連立方程式を解いてみましょう．式 (12a), (12b) は行列を使って表すと，次のように書けます．

$$\begin{bmatrix} 1 & 1 \\ 2 & 4 \end{bmatrix} \begin{bmatrix} x \\ y \end{bmatrix} = \begin{bmatrix} 10 \\ 24 \end{bmatrix} \quad (13)$$

この式は行列式を使うと簡単に解けるので，行列式を使うことにします．行列式は内容的には行列とは別物ですが，形は行列とほぼ同じです．行列はこれまで使ってきたように，行と列に並べた数字の両側にカギ括弧 [ ] を付けたものですが，行列式は同じように数字を配列し，その両側に棒線 | | を引いたものです．2

行2列の行列と行列式を左右に並べて示すと，次のように書けます．

$$\begin{bmatrix} a & b \\ c & d \end{bmatrix}, \quad \begin{vmatrix} a & b \\ c & d \end{vmatrix} \tag{14}$$

だから，式 (13) の左辺の左側の行列を，行列式に書き換えると次のようになります．

$$\begin{vmatrix} 1 & 1 \\ 2 & 4 \end{vmatrix} \tag{15}$$

行列式がわかったので，行列式を使って式 (12a), (12b) の連立方程式を解くと，x と y の答えは，次の式で表されます．

$$x = \frac{\begin{vmatrix} 10 & 1 \\ 24 & 4 \end{vmatrix}}{\begin{vmatrix} 1 & 1 \\ 2 & 4 \end{vmatrix}}, \quad y = \frac{\begin{vmatrix} 1 & 10 \\ 2 & 24 \end{vmatrix}}{\begin{vmatrix} 1 & 1 \\ 2 & 4 \end{vmatrix}} \tag{16}$$

式 (16) では，分母にはともに式 (15) に示した行列式を使っています．また，分子にもベースとしては (15) の行列式を使いますが，x には1行目の縦の成分を式 (13) の右辺の縦の成分に変更し，y には2行目の成分を式 (13) の右辺の縦の成分に変更して使っています．なお，行列式を使った連立方程式の解き方の詳細は1章の 1.7 節に示しています．

式 (16) を演算して得られる x と y の値は次のようになります．

$$x = \frac{40 - 24}{4 - 2} = 8, \quad y = \frac{24 - 20}{4 - 2} = 2$$

だから，答えはツルが8羽，カメが2匹ということになります．確かに，ツルとカメの足の数を加えると 24 本になります．

なお，x と y の値を求めるためには2行2列の行列式の演算の必要がありますが，簡単に示しておくと次のようになります．式 (15) に示す2行2列の行列式の場合ですと，この行列式に並んだ4個の数字を，$1 \times 4 - 1 \times 2 = 2$ というふうに，たすき掛けに掛けて引き算すればよいのです．3行3列以上の行列の計算については 1.7 節で少し詳しく説明することにします．

ここで紹介したのは連立2元1次方程式の場合ですが，この場合には普通に連立方程式を解く場合の面倒さとたいして変わりません．しかし，連立方程式が3元，4元，... と複雑になると，行列式を使って解く優位性は顕著になります．1

章で例を示しますが，連立 5 元 1 次方程式くらいになると普通の方法で解くと神経はすり減り，気が遠くなるほど面倒です．しかし，行列式を使えばいとも簡単に答えを出すことができます．

・1 次変換を行列で表す
複雑な座標の移動が手品のようにできる

1 次変換では「集合」，「写像」および「変換」を使いますので，これについて最初に簡単に説明しておくことにします．まず，「もの」の集まりは集合といわれます．いま，A という集合と B という集合があるとします．そして，集合 A から集合 B への移動は写像とよばれます．しかし，A から A というふうに同一の集合への移動は変換といわれます．

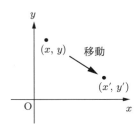

図 0.2 1 次変換の説明のための座標

さらに，変換の中で右図に示すように，座標点 (x, y) から (x', y') への移動において，次の式

$$x' = ax + by$$
$$y' = cx + dy \qquad (17)$$

で示すように，x', y' が定数項のない 1 次式で表される移動は 1 次変換とよばれます．

そして，式 (17) は，連立方程式と同じ形になっていますので，次のように行列を使って書くことができます．

$$\begin{bmatrix} x' \\ y' \end{bmatrix} = \begin{bmatrix} a & b \\ c & d \end{bmatrix} \begin{bmatrix} x \\ y \end{bmatrix} \qquad (18)$$

ここで，この式 (18) の右辺の 1 行目が a, b で，2 行目が c, d の行列は 1 次変換を表す行列といわれます．

語句の説明だけではわかりにくいので，具体例を示すと次のようになります．

① x 軸に関する対称移動

これは座標で示すと，(x, y) から $(x, -y)$ への移動で，次頁の図 0.3(a) に示すようになります．だから，式 (18) の表示では移動先の座標は，$x' = x$, $y' = -y$ となります．すると，式 (17) を参考にして，$a = 1$, $b = 0$, $c =$

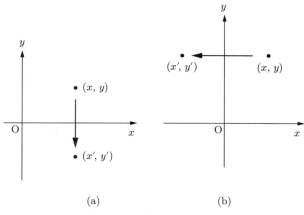

図 0.3 x 軸 (a) および y 軸 (b) に関する対称移動

0, $d = -1$ となるので，1次変換の行列は，次のように書けます．

$$\begin{bmatrix} 1 & 0 \\ 0 & -1 \end{bmatrix} \tag{19}$$

② y 軸に関する対称移動

この場合には，図 0.3(b) に示すように，$x' = -x$，$y' = y$ なので，同様に考えて $a = -1$，$b = 0$，$c = 0$，$d = 1$ となり，1次変換の行列は次のようになります．

$$\begin{bmatrix} -1 & 0 \\ 0 & 1 \end{bmatrix} \tag{20}$$

③ 原点に関する対称移動

この場合は $(x, y) \to (-x, -y)$ の移動なので $x' = -x$, $y' = -y$, $a = -1$，$b = 0$，$c = 0$，$d = -1$ となり，1次変換の行列は，次のように書けます．

$$\begin{bmatrix} -1 & 0 \\ 0 & -1 \end{bmatrix} \tag{21}$$

④ $y = x$ に関する対称移動

この場合は，図 0.4 に示すように，$(x, y) \to (y, x)$ の移動なので $x' = y$，$y' = x$，$a = 0$，$b = 1$，$c = 1$，$d = 0$ となり，1次変換の行列は次のように書けます．

$$\begin{bmatrix} 0 & 1 \\ 1 & 0 \end{bmatrix} \tag{22}$$

次に，これらの対称移動の1次変換の行列を使って，座標点を具体的に使って対称移動してみましょう．座標点 $(5, 3)$ を $y = x$ の直線に関して対称に移動する場合に，式 (22) を使って

$$\begin{bmatrix} x' \\ y' \end{bmatrix} = \begin{bmatrix} 0 & 1 \\ 1 & 0 \end{bmatrix} \begin{bmatrix} 5 \\ 3 \end{bmatrix}$$

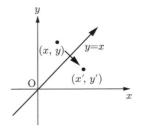

図 0.4　$y = x$ の直線に関する対称移動

を計算すればよいので，$x' = 3$，$y' = 5$ と求めることができます．

次に，少し複雑にして，座標点 $(5, 3)$ を y 軸に対称に移動させたあと，連続して $y = x$ の直線に対称に移動させる場合を考えてみましょう．この場合には，1次変換の行列は式 (20) と式 (22) になります．だから，移動後の座標の $(x'y')$ は，行列の掛け算の順序に注意して，次のように計算できます．

$$\begin{bmatrix} x' \\ y' \end{bmatrix} = \begin{bmatrix} 0 & 1 \\ 1 & 0 \end{bmatrix} \begin{bmatrix} -1 & 0 \\ 0 & 1 \end{bmatrix} \begin{bmatrix} 5 \\ 3 \end{bmatrix} = \begin{bmatrix} 0 & 1 \\ -1 & 0 \end{bmatrix} \begin{bmatrix} 5 \\ 3 \end{bmatrix} = \begin{bmatrix} 3 \\ -5 \end{bmatrix}$$

最後の行列が移動後の座標を表しているので，移動後の座標は $(3, -5)$ となります．

・なにかと便利なオイラーの公式

オイラーの公式は複素数（実数と虚数を加えたもの）を使った便利な式で，指数関数と三角関数を結びつける便利で重要な関係式です．オイラーの公式は，指数関数を三角関数の和で表すもので，次のようになっています．

$$e^{i\theta} = \cos\theta + i\sin\theta \tag{23}$$

このオイラーの公式を使うと，例えば，三角関数の加法定理を簡単に導くことができます．すなわち，$e^{i\theta_1}$ と $e^{i\theta_2}$ の積の計算を使うと加法定理は，次のようにして導けます．

$$\begin{aligned} e^{i\theta_1} \times e^{i\theta_2} &= (\cos\theta_1 + i\sin\theta_1)(\cos\theta_2 + i\sin\theta_2) \\ &= \cos\theta_1\cos\theta_2 - \sin\theta_1\sin\theta_2 + i(\cos\theta_1\sin\theta_2 + \sin\theta_1\cos\theta_2) \end{aligned} \tag{24}$$

$$e^{i\theta_1} \times e^{i\theta_2} = e^{i(\theta_1+\theta_2)} = \cos(\theta_1 + \theta_2) + i\sin(\theta_1 + \theta_2) \tag{25}$$

式 (24) と式 (25) の右辺同士は当然等しいので，実数項同士および虚数項同士が等しいとおくと，次の2個の等式が得られ，加法定理が導かれます．

$$\cos(\theta_1 + \theta_2) = \cos\theta_1 \cos\theta_2 - \sin\theta_1 \sin\theta_2 \tag{26a}$$

$$\sin(\theta_1 + \theta_2) = \sin\theta_1 \cos\theta_2 + \cos\theta_1 \sin\theta_2 \tag{26b}$$

同様にして

$$\cos(\theta_1 - \theta_2) = \cos\theta_1 \cos\theta_2 + \sin\theta_1 \sin\theta_2 \tag{27a}$$

$$\sin(\theta_1 - \theta_2) = \sin\theta_1 \cos\theta_2 - \cos\theta_1 \sin\theta_2 \tag{27b}$$

さらに，$\theta_1 + \theta_2 = A$，$\theta_1 - \theta_2 = B$ とおいて，式 (26a) と式 (27b) を使うと，次の公式

$$\cos A + \cos B = 2\cos\left(\frac{A+B}{2}\right)\cos\left(\frac{A-B}{2}\right) \tag{28a}$$

が得られ，式 (26b) と式 (27b) を使って，次の公式も得られます．

$$\sin A + \sin B = 2\sin\left(\frac{A+B}{2}\right)\cos\left(\frac{A-B}{2}\right) \tag{28b}$$

0.2 基本的な物理数学の項目に限る

　自然は数学で書かれているという人もいますが，物理学では自然現象を説明するために数学を用います．この数学が一般に物理数学とよばれているのですが，自然現象を簡潔に記述する上で物理数学はきわめて便利な道具になっています．便利な道具は多いほど好都合ですから，物理数学には多数の項目があります．しかし，それらの中には難解なものも少なくありません．

　本書は読者に初学者とか，いろいろな分野の人を想定しています．これらの人の中には平素は数学や物理学から遠ざかっている方もおられるかもしれません．このため基礎知識としては高校数学程度を想定していますので，難解な項目は避けることにしました．つまり，本書では物理数学の基本的な項目に限って記述し，各項目の内容および用途をできるだけやさしくわかりやすく説明することにしています．掲載した各項目と内容の概要は以下の通りです．

① ベクトルと行列

　　ベクトルは物理数学の基本になる項目の1つであり，3次元空間の物理現象を記述するにはきわめて便利な道具です．ベクトルについては，初歩

的な説明をしたあとやや詳しい解説を加えています．また，行列については，行列を使うとベクトルの成分を一挙に表すことができるので，本章の0.1節の項で説明したように，ベクトルの演算をはじめ多様な目的に使われます．この項では行列の演算方法を詳しく説明して行列が使いやすくなるようにしています．

また，行列式は多元の連立方程式を解くために便利に使えるので，行列式の演算方法を説明するとともに，行列式を使って解が得られる理由も説明しています．またベクトルでは演算記号（演算子）として grad, div, rot という便利なものがありますので，これについても説明を加えています．高度で難しいといわれる向きもありますが，最初から先入観なしに読んで頂ければたいして難しくありません．grad, div, rot は物理学の本ではしばしば常識的に使われるので，この点も考慮して初学者にやや詳しく説明しています．この項の最後に，使用頻度の高いベクトル演算の公式について解説を加えています．

② 虚数，複素数および微分と積分

虚数は数学の演算を行うために人工的に作られた数です．すなわち，虚数は 2 次方程式や 3 次方程式を解くために，2 乗すると -1 になる数字（$i^2 = -1$）を発明し，これを虚数（厳密には純虚数）としたのです．だから，虚数は数学の便利な道具です．また，複素数は実数と純虚数を加えたもので，これもまた数学，物理学や電磁気学などで自然現象を簡潔に表すために使われている便利な道具です．本書では，虚数と複素数を少し高度な複素関数とは分けて，前のこの2章に入れていますが，これはこのあとに続く章でこれらを使うからです．すなわち，微分方程式において位相や吸収，減衰などを扱う場合やフーリエ変換，フーリエ級数，ラプラス変換などの説明に虚数や複素数が必要になります．

本書では微分と積分の知識は習得済みを前提に記述しますが，これを学んで間もない初学者や平素使わないために慣れていない人のために，最初に簡単な説明を加えました．そして，微分の公式などを示すとともに，あとの章で使う偏微分について説明を加えました．積分については，定義とか原始関数も示すとともに，高校数学より少し高度な置換積分法や部分積分法も，あとに続く章で使うことを考慮して説明しておきました．

③ 関数の展開式と近似計算法

　　展開式にはテイラー展開が有名ですが，ここではテイラー展開と，この展開式の特殊な場合を表すマクローリン展開について説明しています．次に展開式が近似式に使えることを示すと同時に，スターリングの近似式についても説明しました．それと同時に，実用面において近似式が重要な働きをすることを指摘するとともに，近似計算の具体的な例をいくつか示しておきました．

④ 微分方程式

　　自然現象において起こる物理現象の課題を数学的に解くもっともオーソドックスな方法は微分方程式を立てて，これを解くことです．だから，微分方程式は物理学においてもっとも頻繁に使われる物理数学の項目といっても過言ではありません．だから微分方程式は実用上きわめて重要です．最初に微分方程式に親しみを感じてもらうために，興味を惹きそうな実例を使って微分方程式を立てて示しました．この式の解き方や詳しい説明は章の後半に示しました．

　　この章の具体的な内容としては，微分方程式の種類とその解法について，項目別に具体的に説明しています．これらの中には連立微分方程式も含めています．

⑤ フーリエ解析

　　まずフーリエ解析に親しみをもって頂くために，フーリエ解析の誕生のいきさつを紹介しています．このあと，この章で取りあげたフーリエ級数，フーリエ係数，複素フーリエ級数，フーリエ変換およびラプラス変換について項目別に説明しました．この章ではフーリエ解析とも関連があるディラックのデルタ関数についても説明を加えておきました．

⑥ 複素関数論

　　複素関数も便利な数学の道具です．複素関数は複素数を変数とする関数です．例えば，本章の式 (23) に示したオイラーの公式で使われる指数関数 $e^{i\theta}$ は複素関数になっています．複素関数が使われる場合としては多項式，有理関数，指数関数，三角関数，双曲線関数，対数関数，およびべき関数などがあります．

　　また，複素関数では正則関数であるかどうかが重大な問題になりますが，

これと関連してコーシー–リーマン方程式，等角写像について説明しました．次に，複素積分とコーシーの定理およびコーシーの積分公式を扱っています．続いて，複素関数の級数展開としてテイラー展開，およびローラン展開を導入しましたが，このローラン展開の係数から留数が生まれます．留数や留数を使った計算は一見難しそうですが，留数は普通の方法では簡単に解が得られない，面倒な定積分の計算が留数を使うことによって可能になる面白い便利な道具です．その具体例を実際に演算して示しておきました．

⑦ 参考図書

最後に，本書では物理数学の基本事項についてしか記述していませんので，より詳細に学びたいと考える人や，より高度な物理数学を知りたいと思う人のために参考図書を示しておきました．各図書には簡単なコメントを付しておきました．

演 習 問 題

0.1 $A = 5i + 6j + 7k$ というベクトル A がある．このベクトルを行列で表せ．

0.2 下記の連立方程式がある．行列を使って表せ．
$$5x + 6y = 7$$
$$3x + 4y = 8$$

0.3 ツルとカメが合わせて 8 匹いる．足の数は合わせて 22 本だったという．ツルとカメはそれぞれ何匹ずついるか？

0.4 xy 直交座標の座標点 $(3,5)$ を y 軸に関して対称に移動したあと，続けて $x = y$ の直線に関して対称に移動させた．座標点 $(3,5)$ は何処に移ったか？ 座標で示せ．

0.5 オイラー公式と $e^{i\theta_1}$, $e^{-i\theta_2}$ を使って $\cos(\theta_1 - \theta_2) = \cos\theta_1 \cos\theta_2 + \sin\theta_1 \sin\theta_2$ の関係が成立することを，計算の経過も含めて具体的に示せ．

Chapter 1

ベクトルと行列

この章ではベクトルと行列および行列式についての基本事項を記述するとともに，これらの演算方法について説明します．この中には，ベクトルのスカラー積（内積）とベクトル積（外積），行列の積などのほかに，逆行列や行列式を使った連立方程式の解法なども含まれます．次に，ベクトル演算で使われる微分演算子について述べ，grad, div, rot の意味と，これらを使った演算方法を説明します．最後に，微分演算子を使った重要な演算公式を示し，これについて説明しておくことにします．

1.1 ベクトルと単位ベクトル

・ベクトルとその表示
ベクトルは 2 次元や 3 次元の物理現象を表す便利な道具

 力や速度，そして電場は大きさの成分とともに方向の成分をもつ物理量ですが，こうした物理量を表示するには大きさを表す数字だけでは足りません．そこで，登場するのが大きさと方向の成分をもつベクトルです．ベクトルは文字記号や図形を使って表されます．

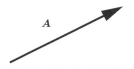

図 1.1　ベクトルの図形表示

 いま，ベクトルで表される物理量として A を考えることにします．すると，このベクトルは文字記号ではボールドイタリック体の $\boldsymbol{A}$（または $\boldsymbol{a}$）とか，A の上に矢印を付けて $\vec{A}$ と表されます．本書ではボールドイタリック体を使うことにします．また，図表示では図 1.1 に示すように，先端に矢印を付けた太い直線で表されます．なお，あとでも触れますが，$\boldsymbol{A}(\boldsymbol{r})$ のように位置ベクトルの関数で表されるベクトルは領域内の各点に対応していますが，これはベクトル場とよばれます．

 ベクトルは一般には 2 次元とか 3 次元の物理量を表すために使われるものです．

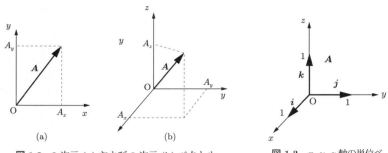

図 1.2 2 次元 (a) および 3 次元 (b) ベクトル

図 1.3 x, y, z 軸の単位ベクトル

このことを考慮して，例に挙げた物理量 A が 2 次元の物理量である場合と，3 次元の物理量である場合を想定して，これらをそれぞれ，2 次元と 3 次元のデカルト座標（x, y, z 軸が直交する直角座標）を用いて描くと，図 1.2(a), (b) に示すようになります．この図ではベクトル $\boldsymbol{A}$ の始点を原点にとっています．そして，ベクトル $\boldsymbol{A}$ の x, y および z 成分をそれぞれ A_x, A_y および A_z で表しています．

・単位ベクトル

ベクトル $\boldsymbol{A}$ はその x, y, z 成分の A_x, A_y および A_z を用いて表すことができますが，それには x, y, z 軸の単位ベクトル（または基本ベクトル）が必要です．x, y, z 軸の単位ベクトルは $\boldsymbol{i}, \boldsymbol{j}$ および $\boldsymbol{k}$ ととるのが普通です．これらの単位ベクトルは，図 1.3 に示すように，それぞれ x, y および z 軸方向の大きさが 1 の互いに直角なベクトルです．なお，このベクトルは基底ベクトルともよばれます．以上のように定義された単位ベクトルを使うと，ベクトル $\boldsymbol{A}$ は，これが 3 次元ベクトルのときには，各成分の A_x, A_y および A_z を用いて，次の式で表されます．

$$\boldsymbol{A} = A_x \boldsymbol{i} + A_y \boldsymbol{j} + A_z \boldsymbol{k} \tag{1.1}$$

なお，単に単位ベクトルというと大きさが 1 のベクトルのことです．

1.2 ベクトルの基礎演算

・ベクトルの加法

普通の数では足し算は加法，引き算は減法となりますが，ベクトル演算では減

法は逆符号のベクトルを加える手法がとられ，加法に含めるのが普通です．2つのベクトルを A, B とすると，ベクトルの和，すなわち，ベクトルの加法は，普通の数の和と同じように，次のように書かれます．

$$A + B \tag{1.2}$$

ベクトル B に負符号をつけた $-B$ と A の和は加法の書き方に従って，次のように書かれます．

$$A + (-B) \tag{1.3}$$

この式 (1.3) は $A - B$ と書かれることもあります．

なお，ベクトルの加法では，普通の数の加法の場合と同じように，交換則 ($A + B = B + A$) や結合則 $\{(A + B) + C = A + (B + C)\}$ が成り立ちます．

・**逆ベクトルとゼロベクトル**

ベクトルに負符号を付けたベクトルは逆ベクトル（または反ベクトル）とよばれるので，$-B$ は B の逆ベクトルということになります．そして，ベクトル A とこのベクトルの逆ベクトル $-A$ の和は次の式

$$A + (-A) = 0 \tag{1.4}$$

で表され，0 はゼロベクトルとよばれます．ゼロベクトルは大きさのないもので，図で表すと原点に縮まったようなものになります．だから，ベクトルにゼロベクトルを加えてもベクトルは変わりません ($A + 0 = 0 + A = A$)．

・**ベクトルの掛け算（積）**

まず，大きさと方向成分をもつ物理量のベクトルに対して，大きさ成分だけをもつ物理量はスカラーとよばれます．スカラーの例には重さとか長さがあります．ベクトルの演算にはこのスカラーとベクトルが関わるので注意する必要があります．

さて，ベクトルの基礎演算では，すでに説明したように，ベクトルの足し算と引き算（加法）は普通の数と同じように行えます．しかし，掛け算（積）はベクトルが大きさと向きの成分をもつために相当に異なってきます．ベクトル演算では積の演算が重要ですから，この点に注意する必要があります．ここでは，掛け算を行うベクトルとして A と B の2つのベクトルを想定することにします．

・スカラー倍とスカラー積

まず,掛け算の結果がスカラー(量)になる演算から始めましょう.これにはベクトルに定数を掛けるスカラー倍とベクトル同士を掛けるスカラー積があります.掛ける定数を k,ベクトルを $\boldsymbol{A}$ とすると,スカラー倍は次の式で表されます.

$$k\boldsymbol{A} \tag{1.5}$$

例えば,k は 2 とか 3 とかいった数字になるので,これらとベクトル $\boldsymbol{A}$ の積では,ベクトル $\boldsymbol{A}$ が 2 倍とか 3 倍になります.

そして,ベクトル $\boldsymbol{A}$ とベクトル $\boldsymbol{B}$ を掛けるスカラー積は,ベクトル $\boldsymbol{A}$ と $\boldsymbol{B}$ のなす角度を θ として,ドット記号の · を使って,次の式で表されます.

$$\boldsymbol{A} \cdot \boldsymbol{B} = AB\cos\theta \tag{1.6}$$

なお,ベクトルのスカラー積は,ベクトルの内積ともよばれます.

・ベクトル積

次に,ベクトル $\boldsymbol{A}$ とベクトル $\boldsymbol{B}$ のベクトル積は,次のようになります.

$$\boldsymbol{A} \times \boldsymbol{B} = (AB\sin\theta)\boldsymbol{n} \tag{1.7}$$

この式 (1.7) では,$\boldsymbol{n}$ は方位を表す単位ベクトルで,この式ではベクトル $\boldsymbol{A}$ と $\boldsymbol{B}$ の作る面に垂直な方向を表しています.だから,図 1.4 に示すように,$\boldsymbol{A}$ を x 方向に向くベクトルとすると,方位ベクトル $\boldsymbol{n}$ は z 方向になります.この方向は,ベクトル $\boldsymbol{A}$ をベクトル $\boldsymbol{B}$ の方向へ右回りにねじったときに,ねじが進む方向に該当します.だから,$\boldsymbol{B} \times \boldsymbol{A}$ の場合には $\boldsymbol{B}$ を $\boldsymbol{A}$ の方向へ右回りにねじることになるので,方位ベクトル $\boldsymbol{n}$ の向きは $-\boldsymbol{n}$,すなわち $-z$ 方向になります.だから,$\boldsymbol{B} \times \boldsymbol{A}$ は次の式で表されます.

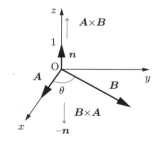

図 1.4 ベクトル積 $\boldsymbol{A} \times \boldsymbol{B}$ と $\boldsymbol{B} \times \boldsymbol{A}$ の説明

$$\boldsymbol{B} \times \boldsymbol{A} = (AB\sin\theta)(-\boldsymbol{n}) = -(AB\sin\theta)\boldsymbol{n} = -\boldsymbol{A} \times \boldsymbol{B} \tag{1.8}$$

なお,ベクトル積はベクトルの外積ともよばれます.

・単位ベクトルのスカラー積とベクトル積

x, y, z 軸の単位ベクトル i, j, k の間のスカラー積については，単位ベクトル間の角度が同じベクトルの場合 $0°$ ($\cos\theta = 1$)，異なる場合は直角の $90°$ ($\cos\theta = 0$) になるので，式 (1.6) に示すスカラー積の規則に従って，次のようになります．

$$i \cdot i = 1, \quad j \cdot j = 1, \quad k \cdot k = 1, \quad i \cdot j = j \cdot i = 0,$$
$$j \cdot k = k \cdot j = 0, \quad k \cdot i = i \cdot k = 0 \tag{1.9}$$

ここでは，$\cos\theta = \cos(-\theta)$ の関係が成り立つので，積の順序を変更してもスカラー積の値は変化しません．

x, y, z 軸の単位ベクトル i, j, k の間のベクトル積は，この積の場合も θ の値はが 0 ($\sin\theta = 0$) または $90°$ ($\sin\theta = 1$) のいずれかになるので，図 1.4 を参照して式 (1.7) と式 (1.8) に示すベクトル積の規則に従って，次のようになります．

$$i \times i = 0, \; j \times j = 0, \; k \times k = 0, \; i \times j = k, \; j \times k = i, \; k \times i = j,$$
$$j \times i = -k, \; k \times j = -i, \; i \times k = -j \tag{1.10}$$

ここで，注意しなくてはいけないのは，式 (1.7) と式 (1.8) の説明で述べたように，2つの単位ベクトルのベクトル積が i, j, k の順番で掛け算する場合には，式 (1.10) に示すように，積の値に正符号がつき，ベクトル積の順が k, j, i と逆の順番の場合には積の値に負符号がつくことです．2つの単位ベクトルを掛ける順番が左回りになるからです．

以上の単位ベクトルの演算規則は，すべてのベクトルの積の演算の基本になります．このことは，あとで述べる grad, div, rot の演算にもあてはまることですから，ベクトル演算ではこのことは基本的に重要であると同時に，これがきちんとわかっていれば grad, div, rot などの演算子の付いたベクトル演算もおそれる必要はありません．

・3次元ベクトルのスカラー積とベクトル積

2つの3次元ベクトルを A と B とし，A, B が次の式で表されるとします．

$$A = A_x i + A_y j + A_z k \tag{1.11a}$$
$$B = B_x i + B_y j + B_z k \tag{1.11b}$$

すると，ベクトル A と B のスカラー積は，式 (1.6) のスカラー積の演算規則と

式 (1.9) に示した単位ベクトルの演算結果を使って，次のようになります．

$$
\begin{aligned}
\boldsymbol{A}\cdot\boldsymbol{B} &= (A_x\boldsymbol{i}+A_y\boldsymbol{j}+A_z\boldsymbol{k})\cdot(B_x\boldsymbol{i}+B_y\boldsymbol{j}+B_z\boldsymbol{k}) \\
&= A_xB_x(\boldsymbol{i}\cdot\boldsymbol{i})+A_yB_y(\boldsymbol{j}\cdot\boldsymbol{j})+A_zB_z(\boldsymbol{k}\cdot\boldsymbol{k}) \\
&= A_xB_x+A_yB_y+A_zB_z
\end{aligned}
\tag{1.12}
$$

ここでは，異なる単位ベクトル間の積の値は 0 になる ($\boldsymbol{i}\cdot\boldsymbol{j}=\boldsymbol{j}\cdot\boldsymbol{i}=0, \boldsymbol{j}\cdot\boldsymbol{k}=\boldsymbol{k}\cdot\boldsymbol{j}=0, \boldsymbol{k}\cdot\boldsymbol{i}=\boldsymbol{i}\cdot\boldsymbol{k}=0$) ので，これらの演算経過の記載は省略しました．

また，ベクトル $\boldsymbol{A}$ と $\boldsymbol{B}$ のベクトル積は，式 (1.7) のベクトル積の演算規則と式 (1.10) に示した単位ベクトル間の演算結果を使って，同様に次のようになります．

$$
\begin{aligned}
\boldsymbol{A}\times\boldsymbol{B} &= (A_x\boldsymbol{i}+A_y\boldsymbol{j}+A_z\boldsymbol{k})\times(B_x\boldsymbol{i}+B_y\boldsymbol{j}+B_z\boldsymbol{k}) \\
&= (A_xB_y-A_yB_x)(\boldsymbol{i}\times\boldsymbol{j})+(A_yB_z-A_zB_y)(\boldsymbol{j}\times\boldsymbol{k}) \\
&\quad +(A_zB_x-A_xB_z)(\boldsymbol{i}\times\boldsymbol{k}) \\
&= (A_yB_z-A_zB_y)\boldsymbol{i}+(A_zB_x-A_xB_z)\boldsymbol{j}+(A_xB_y-A_yB_x)\boldsymbol{k}
\end{aligned}
\tag{1.13}
$$

ここでは，$(\boldsymbol{i}\times\boldsymbol{i})$, $(\boldsymbol{j}\times\boldsymbol{j})$, $(\boldsymbol{k}\times\boldsymbol{k})$ などの同じ単位ベクトル同士のベクトル積は値が 0 になるので，この部分の演算経過の記載は省略しました．

1.3 行列とベクトル

・行列の定義

行列は m, n を整数として，$m\times n$ 個の数を縦横に並べたもので，例えば行列を $\boldsymbol{A}$ とし，その成分を a_{ij}（自然数）として，次のように表すことができます．

$$
\boldsymbol{A} = \begin{bmatrix} a_{11} & a_{12} & \cdots & a_{1n} \\ a_{21} & a_{22} & \cdots & a_{2n} \\ \cdots & \cdots & \cdots & \cdots \\ a_{m1} & a_{m2} & \cdots & a_{mn} \end{bmatrix}
\tag{1.14}
$$

行列は英語ではマトリックス（matrix）とよばれますが，横の数字列が行で，縦の数字列は列とよばれます．そして，式 (1.14) で表される行列はサイズが $m\times n$ 行列といわれます．行列では a_{ij}（または A_{ij}）は行列要素とよばれます．

行列ではすべての（行列）成分が 0 の行列は 0（ゼロまたは零）行列とよばれ

ます．また，行と列の数が同じ ($m = n$) で，行列要素 a_{ij} の i と j が等しいもの ($i = j$) が 1 で，$i \neq j$ のものが 0 となる行列は単位行列とよばれ，E で表記されます．単位行列 E を具体的に示すと次のようになります．

$$E = \begin{bmatrix} 1 & 0 & 0 & \cdots & 0 \\ 0 & 1 & 0 & \cdots & 0 \\ & & \cdots & & \\ 0 & 0 & 0 & \cdots & 1 \end{bmatrix} \quad (1.15)$$

なお，行数 m と列数 n の個数が等しい行列は正方行列とよばれます．

以上は，定義のはなしでしたので味もそっけもない記述になりましたが，次のように数人の学生の成績を表にしたものを，行列で表すこともできます．具体的に示すと，次のようになります．

科目	X	Y	Z	行列による表示
学生 A	73	68	75	$\begin{bmatrix} 73 & 68 & 75 \\ 50 & 65 & 96 \\ 55 & 80 & 62 \end{bmatrix}$
学生 B	50	65	96	
学生 C	55	80	62	

こうした行列を学生のグループごとに作り，行列の計算をすれば，学生の成績について統計的な考察をする場合には便利です．この例が示すように，行列はいろいろな目的に，実際に役立っています．

- **ベクトルを 1 行または 1 列の行列で表す**

1.1 節の図 1.2(a) に示したベクトル A の矢印の先端はベクトルの終点ですが，ここの座標は (A_x, A_y) となります．だから，ベクトル A は原点 $(0,0)$ を始点とし，(A_x, A_y) を終点とするベクトルです．そして，このベクトルは終点の座標を使うと，行列を使って次のように表すことができます．

$$A = \begin{bmatrix} A_x & A_y \end{bmatrix} \quad (1.16)$$

この式 (1.16) で表される A は数ベクトルとよばれます．図 1.2(b) に示すようなベクトル A が 3 次元ベクトルの場合には，同様に終点の座標 (A_x, A_y, A_z) を使って，行列では次のように表されます．

$$A = \begin{bmatrix} A_x & A_y & A_z \end{bmatrix} \quad (1.17)$$

式 (1.16) や式 (1.17) で表される数ベクトルには，次のように縦行列もあります．

$$\boldsymbol{A} = \begin{bmatrix} A_x \\ A_y \end{bmatrix} \quad \boldsymbol{A} = \begin{bmatrix} A_x \\ A_y \\ A_z \end{bmatrix} \tag{1.18}$$

この数ベクトルは，次のように横行列で表されることもあります．

$$\boldsymbol{A} = \begin{bmatrix} A_x & A_y \end{bmatrix}, \quad \boldsymbol{A} = \begin{bmatrix} A_x & A_y & A_z \end{bmatrix} \tag{1.19}$$

横に並ぶ数の並びは行とよばれ，縦に並ぶ数の並びは列とよばれるので，横行列は行行列，縦行列は列行列ともよばれます．

数ベクトルが，式 (1.18) と式 (1.19) に示すように縦行列と横行列の両方で表されることから，前項で説明した 2 つのベクトルのスカラー積（内積）は，縦行列と横行列を使って次のように演算できます．

$$\boldsymbol{A} \cdot \boldsymbol{B} = \begin{bmatrix} A_x & A_y & A_z \end{bmatrix} \begin{bmatrix} B_x \\ B_y \\ B_z \end{bmatrix} = A_x B_x + A_y B_y + A_z B_z \tag{1.20}$$

この式 (1.20) での横行列と縦行列と積では，横行列の 3 個の行列要素は前から順に，縦行列では行列要素の上から順に，それぞれ同じ順番の行列要素を掛け合わせたものを加え合わせているのです．

1.4 行列の演算

ここの説明では，行列に一般式を使うと複雑になってわかりにくくなるので，ここで使う 2 つの行列の $\boldsymbol{A}$ と $\boldsymbol{B}$ として，次に示すような，単純な 2 行 2 列の行列を仮定することにします．

$$\boldsymbol{A} = \begin{bmatrix} a_{11} & a_{12} \\ a_{21} & a_{22} \end{bmatrix}, \quad \boldsymbol{B} = \begin{bmatrix} b_{11} & b_{12} \\ b_{21} & b_{22} \end{bmatrix} \tag{1.21}$$

・行列のスカラー倍

さてスカラー倍ですが，行列 $\boldsymbol{A}$ にスカラー量 r を掛けると，行列要素はすべて r 倍になり，次の式が成り立ちます．

$$r\boldsymbol{A} = r \begin{bmatrix} a_{11} & a_{12} \\ a_{21} & a_{22} \end{bmatrix} = \begin{bmatrix} ra_{11} & ra_{12} \\ ra_{21} & ra_{22} \end{bmatrix} \tag{1.22}$$

だから，r の値が 0 であれば，行列要素がすべて 0 になるので，これはゼロ（零）

・行列の和と差（加法と減法）

式 (1.21) に示す行列 A と B を使うと，行列の和と差は次のようになります．

$$A + B = \begin{bmatrix} a_{11} & a_{12} \\ a_{21} & a_{22} \end{bmatrix} + \begin{bmatrix} b_{11} & b_{12} \\ b_{21} & b_{22} \end{bmatrix} = \begin{bmatrix} a_{11} + b_{11} & a_{12} + b_{12} \\ a_{21} + b_{21} & a_{22} + b_{22} \end{bmatrix} \quad (1.23)$$

$$A - B = \begin{bmatrix} a_{11} & a_{12} \\ a_{21} & a_{22} \end{bmatrix} - \begin{bmatrix} b_{11} & b_{12} \\ b_{21} & b_{22} \end{bmatrix} = \begin{bmatrix} a_{11} - b_{11} & a_{12} - b_{12} \\ a_{21} - b_{21} & a_{22} - b_{22} \end{bmatrix} \quad (1.24)$$

この演算では対応する成分同士で和をとるか，差をとればよいわけで普通の演算方法と変わりはありません．

・行列の積（乗法）

行列の計算では乗法に特徴があります．2つの行列 A と B の積の値が，掛ける順序を変えると変わることもある，つまり $AB = BA$ の関係は常には成り立たないのです．このことを念頭に以下の説明を行うことにします．

まず，行列の積の演算では以下の3個の行列 A，B および C を仮定し，これらの間に次の関係が成立するとします．

$$AB = C \quad (1.25)$$

そして，これらの行列は行列要素を使って，次の式で表されるとします．

$$A = \begin{bmatrix} a_{11} \, a_{12} \cdots a_{1n} \\ a_{21} \, a_{22} \cdots a_{2n} \\ \cdots \\ a_{m1} \, a_{m2} \cdots a_{mn} \end{bmatrix}, B = \begin{bmatrix} b_{11} \, b_{12} \cdots b_{1q} \\ b_{21} \, b_{22} \cdots b_{2q} \\ \cdots \\ b_{p1} \, b_{p2} \cdots b_{pq} \end{bmatrix}, C = \begin{bmatrix} c_{11} \, c_{12} \cdots c_{1q} \\ c_{21} \, c_{22} \cdots c_{2q} \\ \cdots \\ c_{m1} \, c_{m2} \cdots c_{mq} \end{bmatrix} \quad (1.26)$$

以上で準備が終わったので，行列 A と B の積の説明を行います．式 (1.26) で表される行列の積では，行と列の数が m と n で，サイズが $m \times n$ の行列 A と，行と列の数が p と q でサイズが $p \times q$ の行列 B を掛ける演算になっています．しかし，行列の積の演算では，行列の間に次の条件が成り立っている必要があります．

① $n = p$ の条件が成り立つときにのみ積の演算が可能です．

② 積の行列 C（$= AB$）は，行列のサイズが $m \times q$ となります．

そして，行列 A と B の演算を行うとここでは積の行列は C となりますが，行

列 C の i 行 k 列の行列要素を c_{ik} とすると，c_{ik} は行列 A の i 行の要素と行列 B の k 列の要素の積の値になります．そして，c_{ik} は次の式で表されます．

$$c_{ik} = \sum_{j=1}^{n} a_{ij} b_{jk} = a_{i1}b_{1k} + a_{i2}b_{2k} + \cdots + a_{in}b_{nk}$$
$$(i = 1, 2, \ldots, m; k = 1, 2, \ldots, q) \tag{1.27}$$

以上は一般式を使っての行列要素 c_{ik} の演算方法の説明ですが，これでは煩雑すぎてわかりにくいので，行列 A，B として，式 (1.21) で表される 2 行 2 列の行列を使うと，行列 A と B の積は

$$AB = \begin{bmatrix} a_{11} & a_{12} \\ a_{21} & a_{22} \end{bmatrix} \begin{bmatrix} b_{11} & b_{12} \\ b_{21} & b_{22} \end{bmatrix} \tag{1.28}$$

と表されます．

行列 A と B の積になる行列 C の第 1 行第 1 列の行列要素 c_{11} は，行列 A の第 1 行と行列 B の第 1 列の行列要素の積になるので，$a_{11}b_{11} + a_{12}b_{21}$ となります．この値は一般式 (1.27) において前の第 2 項までをとって $i = 1$，$k = 1$ とおけば得られます．また，c_{12} は行列 A の第 1 行と行列 B の第 2 列を掛けて $a_{11}b_{12} + a_{12}b_{22}$ となります．同じく式 (1.27) を使えば $i = 1$，$k = 2$ とおいて得られます．同様に c_{21} は，行列 A の第 2 行と行列 B の第 1 列の行列要素の積になるので，$a_{21}b_{11} + a_{22}b_{21}$ となります．次に，c_{22} は式 (1.27) を使うと，$i = 2$，$k = 2$ とおいて $a_{21}b_{12} + a_{22}b_{22}$ となります．だから行列 C，つまり行列 A と B の積 AC は，次の式で書けます．

$$AB(=C) = \begin{bmatrix} a_{11}b_{11} + a_{12}b_{21} & a_{11}b_{12} + a_{12}b_{22} \\ a_{21}b_{11} + a_{22}b_{21} & a_{21}b_{12} + a_{22}b_{22} \end{bmatrix} \tag{1.29}$$

次に，最初に問題提起した積 AB と積の順序を変えた積 BA の関係について調べておきましょう．この検討には新たに積 BA を計算して，結果を AB の結果と比較すればよいので，それを実行するべく BA を計算すると，次のようになります．

$$BA = \begin{bmatrix} b_{11}a_{11} + b_{12}a_{21} & b_{11}a_{12} + b_{12}a_{22} \\ b_{21}a_{11} + b_{22}a_{21} & b_{21}a_{12} + b_{22}a_{22} \end{bmatrix} \tag{1.30}$$

AB と BA が等しくなり，$AB = BA$ の関係が成立するためには式 (1.29) と式 (1.30) のそれぞれ対応する行列要素がすべて等しくなくてはならないので，

次の式が成立する必要があります.

$$a_{11}b_{11} + a_{12}b_{21} = b_{11}a_{11} + b_{12}a_{21} \to a_{12}b_{21} = b_{12}a_{21} \tag{1.31a}$$

$$a_{11}b_{12} + a_{12}b_{22} = b_{11}a_{12} + b_{12}a_{22} \tag{1.31b}$$

$$a_{21}b_{11} + a_{22}b_{21} = b_{21}a_{11} + b_{22}a_{21} \tag{1.31c}$$

$$a_{21}b_{12} + a_{22}b_{22} = b_{21}a_{12} + b_{22}a_{22} \to a_{21}b_{12} = b_{21}a_{12} \tag{1.31d}$$

ここで,式 (1.31a) と式 (1.31d) は同じになるので,結局,行列要素の間に式 (1.31a),(1.31b),(1.31c) が成り立つとき $\boldsymbol{AB} = \boldsymbol{BA}$ の関係が成り立つことになります.

例えば,式 (1.31a),(1.31b),(1.31c) の関係を充たす $\boldsymbol{A}$ と $\boldsymbol{B}$ の行列として次のものがあります.

$$\boldsymbol{A} = \begin{bmatrix} 1 & 2 \\ 2 & 0 \end{bmatrix}, \quad \boldsymbol{B} = \begin{bmatrix} 3 & 2 \\ 2 & 2 \end{bmatrix} \tag{1.32}$$

この式 (1.27) を使って,$\boldsymbol{AB}$ と $\boldsymbol{BA}$ を計算してみると,ともに次のように同じ値になります.

$$\boldsymbol{AB} = \boldsymbol{BA} = \begin{bmatrix} 7 & 6 \\ 6 & 4 \end{bmatrix} \tag{1.33}$$

$\boldsymbol{AB} = \boldsymbol{BA}$ の関係が成り立たない場合は,つまり $\boldsymbol{AB} \neq \boldsymbol{BA}$ の関係が成り立つ場合は,式 (1.31a),(1.31b),(1.31c) の関係を充たさない場合ですから,無数にあり,例えば次の行列 $\boldsymbol{A}$,$\boldsymbol{B}$ がそうです.

$$\boldsymbol{A} = \begin{bmatrix} 1 & 2 \\ 2 & 1 \end{bmatrix}, \quad \boldsymbol{B} = \begin{bmatrix} 0 & 2 \\ 1 & 0 \end{bmatrix} \tag{1.34}$$

この例が正しいかどうかの検証は章末の演習問題に譲ることにします.

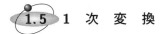 1 次 変 換

y と x に関して,k を定数として,次の関係

$$y = kx \quad (k:定数) \tag{1.35}$$

が成り立つとき,y は x と線形関係にあるといいます.同様に,多数個の x によって y が

$$y = a_1 x_1 + a_2 x_2 + \cdots + a_n x_n \tag{1.36}$$

と表されるときも，y は $x_1, x_2, \ldots, x_n$ と線形関係にあるといわれます．

さらに，y の個数も多く，$y_1, y_2, \ldots, y_n$ となり，係数 a_{jn} （$j = 1, 2, \ldots, m$）を定数として，y と x の関係が，次のように表される場合もあります．

$$y_1 = a_{11}x_1 + a_{12}x_2 + \cdots + a_{1n}x_n$$
$$y_2 = a_{21}x_1 + a_{22}x_2 + \cdots + a_{2n}x_n$$
$$\cdots$$
$$y_m = a_{m1}x_1 + a_{m2}x_2 + \cdots + a_{mn}x_n \tag{1.37}$$

この式 (1.37) は $x_1, x_2, \ldots, x_n$ から $y_1, y_2, \ldots, y_m$ への 1 次変換とよばれます．この種の変換は線形変換とか，$(x_1, x_2, \ldots, x_n)$ の空間から $(y_1, y_2, \ldots, y_n)$ 空間への線形写像とよばれることもあります．

式 (1.37) は行列を使って書くと，序章でも示したように，次のように表されます．

$$\begin{bmatrix} y_1 \\ y_2 \\ \vdots \\ y_m \end{bmatrix} = \begin{bmatrix} a_{11} & a_{12} & \cdots & a_{1n} \\ a_{21} & a_{22} & \cdots & a_{2n} \\ \cdots & \cdots & \cdots & \cdots \\ a_{m1} & a_{m2} & \cdots & a_{mn} \end{bmatrix} \begin{bmatrix} x_1 \\ x_1 \\ \vdots \\ x_n \end{bmatrix} \tag{1.38}$$

この式 (1.38) において左辺や最右辺にある 1 列の行列はベクトルを表しているので，式 (1.38) の右辺は行列要素が a_{ij} の行列とベクトル x_j の積ということになります．そして，右辺の行列を $\boldsymbol{A}$ として，行列要素 a_{ij} を使って，次のようにおくことにします．

$$\boldsymbol{A} = \begin{bmatrix} a_{11} & a_{12} & \cdots & a_{1n} \\ a_{21} & a_{22} & \cdots & a_{2n} \\ \cdots & \cdots & \cdots & \cdots \\ a_{m1} & a_{m2} & \cdots & a_{mn} \end{bmatrix} \tag{1.39}$$

すると，この行列 $\boldsymbol{A}$ は 1 次変換行列とか線形変換行列とよばれます．

式 (1.39) は y と x の縦行列をベクトルとして $\boldsymbol{y}, \boldsymbol{x}$ と書いて，次のように表示することができます．

$$\boldsymbol{y} = \boldsymbol{A}\boldsymbol{x} \tag{1.40}$$

次に，1次変換を使って座標の回転移動を考えてみましょう．いま，図 1.5 に示すように，xy 直交座標に点 (x_0, y_0) があり，これを原点のまわりに θ だけ回転して点 (x_1, y_1) へ移したとします．すると，座標点 x_1 と y_1 は，次のようになります．

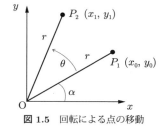

図 1.5　回転による点の移動

$$x_1 = x_0 \cos\theta - y_0 \sin\theta$$
$$y_1 = x_0 \sin\theta + y_0 \cos\theta \qquad (1.41)$$

この式 (1.41) は行列を使って書き表すと，序章で示したように，次のようになります．

$$\begin{bmatrix} x_1 \\ y_1 \end{bmatrix} = \begin{bmatrix} \cos\theta & -\sin\theta \\ \sin\theta & \cos\theta \end{bmatrix} \begin{bmatrix} x_0 \\ y_0 \end{bmatrix} \qquad (1.42)$$

1.6　逆　行　列

・逆行列の定義

正方行列 A が与えられたとして，正方行列 A に対して，単位行列 E を使って次の関係式

$$AX = E \qquad (1.43)$$

を満足する行列が存在するとき，X を A の逆行列といいます．厳密には，次のように理解することも重要です．すなわち，A と B を正方行列として，一般には両者の積 AB と BA は等しいとは限りませんから，次のように

$$AB = BA = E \qquad (1.44)$$

と，AB と BA がともに単位行列 E に等しくなるような B を A の逆行列と定義されます．

以降の説明では，式 (1.43) と式 (1.44) の定義式を使うことにして，逆行列を求めてみましょう．いま，行列 A と逆行列 X が行列要素を使って，次の式で与えられるとします．

$$A = \begin{bmatrix} a_{11} & a_{12} \\ a_{21} & a_{22} \end{bmatrix}, \quad X = \begin{bmatrix} x_{11} & x_{12} \\ x_{21} & x_{22} \end{bmatrix} \qquad (1.45)$$

これらの行列 $\boldsymbol{A}$ と逆行列 $\boldsymbol{X}$ を式 (1.43) に代入して行列要素で表すと，次の式が得られます．

$$\begin{bmatrix} a_{11} & a_{12} \\ a_{21} & a_{22} \end{bmatrix} \begin{bmatrix} x_{11} & x_{12} \\ x_{21} & x_{22} \end{bmatrix} = \begin{bmatrix} 1 & 0 \\ 0 & 1 \end{bmatrix} \tag{1.46}$$

この式の左辺の行列の積を計算すると，前々項に示した式 (1.29) を参照して，次のようになります．

$$\boldsymbol{A}\boldsymbol{X} = \begin{bmatrix} a_{11}x_{11} + a_{12}x_{21} & a_{11}x_{12} + a_{12}x_{22} \\ a_{21}x_{11} + a_{22}x_{21} & a_{21}x_{12} + a_{22}x_{22} \end{bmatrix} \tag{1.47}$$

したがって，式 (1.46) の式から，次の式が得られます．

$$\begin{bmatrix} a_{11}x_{11} + a_{12}x_{21} & a_{11}x_{12} + a_{12}x_{22} \\ a_{21}x_{11} + a_{22}x_{21} & a_{21}x_{12} + a_{22}x_{22} \end{bmatrix} = \begin{bmatrix} 1 & 0 \\ 0 & 1 \end{bmatrix} \tag{1.48}$$

この式 (1.48) が成り立つためには，左右の対応するすべての行列要素同士が等しくなければならないので，次の 4 個の式が成り立たねばなりません．

$$\begin{aligned} a_{11}x_{11} + a_{12}x_{21} = 1, \quad a_{11}x_{12} + a_{12}x_{22} = 0 \\ a_{21}x_{11} + a_{22}x_{21} = 0, \quad a_{21}x_{12} + a_{22}x_{22} = 1 \end{aligned} \tag{1.49}$$

この式 (1.49) を計算して x_{11}, x_{12}, x_{21} および x_{22} を求めると，途中の経過は省略しますが，Δ の値が 0 でないとして，次のように求まります．

$$x_{11} = \frac{a_{22}}{\Delta}, \; x_{12} = -\frac{a_{12}}{\Delta}, \; x_{21} = -\frac{a_{21}}{\Delta}, \; x_{22} = \frac{a_{11}}{\Delta} \tag{1.50}$$

ここで，結果を簡略に示すために，計算の途中で現れた数式 $a_{11}a_{22} - a_{12}a_{21}$ を Δ とおきました．だから，Δ は次の式で与えられます．

$$\Delta = a_{11}a_{22} - a_{12}a_{21} \tag{1.51}$$

したがって，$\boldsymbol{A}$ の逆行列の $\boldsymbol{X}$ は，次のようになります．

$$\boldsymbol{X} = \begin{bmatrix} \frac{a_{22}}{\Delta} & -\frac{a_{12}}{\Delta} \\ -\frac{a_{21}}{\Delta} & \frac{a_{11}}{\Delta} \end{bmatrix} = \frac{1}{\Delta} \begin{bmatrix} a_{22} & -a_{12} \\ -a_{21} & a_{11} \end{bmatrix} \tag{1.52}$$

A の逆行列は普通 $\boldsymbol{A}^{-1}$ で表されますので，これを使うと $\boldsymbol{A}$ の逆行列 $\boldsymbol{A}^{-1}$ は，次の式

$$\boldsymbol{A}^{-1} = \frac{1}{\Delta} \begin{bmatrix} a_{22} & -a_{12} \\ -a_{21} & a_{11} \end{bmatrix} \tag{1.53}$$

で与えられることになります．

式 (1.53) で表される逆行列が正しいかどうかをチェックする必要があります．すなわち，式 (1.44) の定義式に従って，次の式が成り立つことを示す必要があります．

$$\boldsymbol{X}\boldsymbol{A} = \boldsymbol{A}^{-1}\boldsymbol{A} = \frac{1}{\Delta}\begin{bmatrix} a_{22} & -a_{12} \\ -a_{21} & a_{11} \end{bmatrix}\begin{bmatrix} a_{11} & a_{12} \\ a_{21} & a_{22} \end{bmatrix} = \begin{bmatrix} 1 & 0 \\ 0 & 1 \end{bmatrix} \quad (1.54\text{a})$$

この式 (1.54a) の右から 2 番目の式を計算すると，次のようになります．

$$\frac{1}{\Delta}\begin{bmatrix} a_{22} & -a_{12} \\ -a_{21} & a_{11} \end{bmatrix}\begin{bmatrix} a_{11} & a_{12} \\ a_{21} & a_{22} \end{bmatrix}$$

$$= \frac{1}{\Delta}\begin{bmatrix} a_{11}a_{22} - a_{12}a_{21} & 0 \\ 0 & -a_{12}a_{22} + a_{11}a_{22} \end{bmatrix} \quad (1.54\text{b})$$

$$= \frac{a_{11}a_{22} - a_{12}a_{21}}{\Delta}\begin{bmatrix} 1 & 0 \\ 0 & 1 \end{bmatrix} \quad (1.54\text{c})$$

Δ が式 (1.51) で表されるので，式 (1.54c) の右辺は式 (1.54a) に示すように単位行列 $\boldsymbol{E}$ に等しくなり，式 (1.44) の逆行列の定義式が成り立つことがわかります．

・**逆行列を使って連立 1 次方程式を解く**

いま，次のような連立 1 次方程式があるとします

$$a_{11}x + a_{12}y = c$$
$$a_{21}x + a_{22}y = d \quad (1.55\text{a})$$

この式 (1.55a) で c, d を $c = x', d = y'$ とおくと，次の式ができます

$$x' = a_{11}x + a_{12}y$$
$$y' = a_{21}x + a_{22}y \quad (1.55\text{b})$$

この式 (1.55b) は 1 次変換の式になっています．だから，この式 (1.55b) は行列を使って書くと，次のようになります．

$$\begin{bmatrix} x' \\ y' \end{bmatrix} = \begin{bmatrix} a_{11} & a_{12} \\ a_{21} & a_{22} \end{bmatrix}\begin{bmatrix} x \\ y \end{bmatrix} \quad (1.56)$$

この式 (1.56) の x', y' と x, y の縦行列をベクトルとみなすと，左辺の縦行列はベクトル記号を使って $\boldsymbol{Y}'$ と書けます．また，右辺の縦行列も同様に考えて $\boldsymbol{Y}$ と

書くことにします．すると，式 (1.56) は行列を A として，次のように書けます．

$$Y' = AY \tag{1.57}$$

この式 (1.57) の両辺に左から，行列 A の逆行列 A^{-1} を掛けると次の式ができます．

$$A^{-1}Y' = A^{-1}AY \tag{1.58}$$

ここで，行列と逆行列の積では $AA^{-1} = A^{-1}A = E$ の関係が成り立ちます．行列と単位行列の積の演算では，単位行列 E は数字の 1 と読み換えてよいので，式 (1.58) の右辺は $A^{-1}AY = Y$ となります．したがって，式 (1.58) から次の式が得られます．

$$A^{-1}Y' = Y \tag{1.59}$$

つまり，逆行列を作用させることにより，Y' が Y に逆変換されます．

だから，以上の議論を応用すると式 (1.56) は式 (1.53) で表される逆行列を使って，次のように書けます．なお，Δ が 0 では不能になりますので，0 でないと仮定することにします．

$$\begin{bmatrix} x \\ y \end{bmatrix} = \frac{1}{\Delta} \begin{bmatrix} a_{22} & -a_{12} \\ -a_{21} & a_{11} \end{bmatrix} \begin{bmatrix} x' \\ y' \end{bmatrix} \tag{1.60}$$

そして，x', y' を元のそれぞれ c, d に戻して書き換えると，次のようになります．

$$\begin{bmatrix} x \\ y \end{bmatrix} = \frac{1}{\Delta} \begin{bmatrix} a_{22} & -a_{12} \\ -a_{21} & a_{11} \end{bmatrix} \begin{bmatrix} c \\ d \end{bmatrix} \tag{1.61}$$

連立 1 次方程式の解は，この式 (1.61) から x と y を計算して，次のように求まります．

$$\begin{aligned} x &= \frac{1}{\Delta}(a_{22}c - a_{12}d) \\ y &= \frac{1}{\Delta}(-a_{21}c + a_{11}d) \end{aligned} \tag{1.62}$$

以上の説明では数式に文字式を使っているのでわかりにくいかもしれません．そこで，具体例を見てみましょう．例えば，連立 1 次方程式を解く課題として，次のようなツルカメ算の課題があったとします．

1.6 逆 行 列

課題： ツルとカメが合わせて 11 匹います．足は合わせて 34 です．ツルとカメは何匹ずついますか？

解答： この問題を解くために，ツルを x 匹，カメが y 匹として連立 1 次方程式を立てると，次の式ができます．

$$x + y = 11$$
$$2x + 4y = 34 \tag{1.63}$$

左右を逆にして行列を使って書くと，次の式ができます．

$$\begin{bmatrix} 11 \\ 34 \end{bmatrix} = \begin{bmatrix} 1 & 1 \\ 2 & 4 \end{bmatrix} \begin{bmatrix} x \\ y \end{bmatrix} \tag{1.64}$$

この式 (1.64) の右辺の行列は式 (1.56) の右辺の行列に対応しますので，各要素を対応させると，$a_{11} = 1$, $a_{12} = 1$, $a_{21} = 2$, $a_{22} = 4$ となります．これらを使うと式 (1.51) の Δ は，$\Delta = a_{11}a_{22} - a_{12}a_{21} = 1 \times 4 - 1 \times 2 = 2$ と計算できます．したがって，この場合には式 (1.45) の行列 $\boldsymbol{A}$ と式 (1.53) の逆行列 $\boldsymbol{A}^{-1}$ は，次のようにして求めることができます．

$$\boldsymbol{A} = \begin{bmatrix} a_{11} & a_{12} \\ a_{21} & a_{22} \end{bmatrix} = \begin{bmatrix} 1 & 1 \\ 2 & 4 \end{bmatrix} \tag{1.65a}$$

$$\boldsymbol{A}^{-1} = \frac{1}{\Delta} \begin{bmatrix} a_{22} & -a_{12} \\ -a_{21} & a_{11} \end{bmatrix} = \frac{1}{2} \begin{bmatrix} 4 & -1 \\ -2 & 1 \end{bmatrix} \tag{1.65b}$$

ここで，式 (1.64) の左辺を逆変換すると，この逆行列の式 (1.65b) を使って，次のようになります．

$$\begin{bmatrix} x \\ y \end{bmatrix} = \frac{1}{2} \begin{bmatrix} 4 & -1 \\ -2 & 1 \end{bmatrix} \begin{bmatrix} 11 \\ 34 \end{bmatrix} \tag{1.66a}$$

この式 (1.60) から x と y を求めると，次のように計算できます．

$$x = \frac{1}{2}(4 \times 11 - 1 \times 34) = \frac{1}{2} \times 10 = 5$$
$$y = \frac{1}{2}(-2 \times 11 + 1 \times 34) = \frac{1}{2} \times 12 = 6 \tag{1.66b}$$

したがって，答えはツルが 5 匹，カメが 6 匹と求まります．検算してみますと，確かにカメとツルを合わせると 11 匹になりますし，足の数はツルが 5 匹だから 10 本で，カメが 6 匹だから 24 本になりますので，合わせて 34 本になります．

1.7 行　列　式

行列は式 (1.14) で定義しましたように，自然数を縦と横に並べて，横に行を縦に列を作り，両辺に括弧 [ ] を付けたものでした．行列式も形の上では行列と同じように，行と列ができるように数字を並べたものですが，行列式は次に示すように両辺につけるものが括弧でなく棒線です．すなわち，行列式を A とすると A は次のように表されます．なお，並べた数は成分とか要素とよばれます．

$$A = \begin{vmatrix} a_{11} & a_{12} & \cdots & a_{1n} \\ a_{21} & a_{22} & \cdots & a_{2n} \\ \cdots & \cdots & \cdots & \cdots \\ a_{n1} & a_{n2} & \cdots & a_{nn} \end{vmatrix} \tag{1.67}$$

普通の行列式は正方行列に対応するもので行と列の数が等しくなっています．なお，行列式と行列では形は似ていますが，意味はまったく別物です．英語の表現では両者の区別がよくわかり，行列はマトリックス (matrix) とよばれ，行列式はデターミナント（determinant）とよばれます．そして，以下に順次説明しますが，行列式の内容も用途，そして使い方も行列とは大いに異なっています．

・行列式の誕生の経緯と連立 1 次方程式の解法への行列式の適用

行列式は連立方程式の解き方の研究から生まれていますので，このことを通じて行列式の説明を始めることにします．いま，未知数を x, y, 係数を a_{ij} とする，次のような連立方程式があるとします．

$$a_{11}x + a_{12}y = c_1 \tag{1.68a}$$

$$a_{21}x + a_{22}y = c_2 \tag{1.68b}$$

この連立方程式を解くには，式 (1.68a) の両辺に a_{22} を掛け，式 (1.68b) の両辺に a_{12} を掛けて，これら 2 つの式の差をとると，第 2 項は消えますので，次の式ができます．

$$(a_{11}a_{22} - a_{12}a_{21})x = a_{22}c_1 - a_{12}c_2 \tag{1.69}$$

また，式 (1.68a) に a_{21} を掛け，式 (1.68b) に a_{11} を掛けて差をとると，次の式ができます．

1.7 行列式

$$(a_{12}a_{21} - a_{11}a_{22})y = a_{21}c_1 - a_{11}c_2 \tag{1.70a}$$

この式 (1.70a) の両辺に -1 を掛けると，次の式ができます．

$$(a_{11}a_{22} - a_{12}a_{21})y = a_{11}c_2 - a_{21}c_1 \tag{1.70b}$$

式 (1.69) と式 (1.70b) に同じ係数 $(a_{11}a_{22} - a_{12}a_{21})$ が出てくるので，これを次のようにおくことにします．

$$a_{11}a_{22} - a_{12}a_{21} = \begin{vmatrix} a_{11} & a_{12} \\ a_{21} & a_{22} \end{vmatrix} \tag{1.71}$$

こうして生まれた式 (1.71) の右辺の式が行列式といわれるものです．だから，行列式はこの式 (1.71) の左辺に示すように，成分 a_{ij} の展開式になります．行列式は行列と異なって，成分の展開式によって計算でき，その値があります．式 (1.71) で表される値がゼロの場合は，式 (1.69) と式 (1.70b) からわかるように x, y の解は不能で値を得ることはできません．なお，式 (1.71) は式 (1.51) を使って Δ で表わせます．

式 (1.71) に示すように右辺の行列式は左辺の数式に展開できます．だから，この関係式を使うと，式 (1.69) と式 (1.70b) の右辺は，次のように行列式を使って書けることになります．

$$a_{22}c_1 - a_{12}c_2 = \begin{vmatrix} c_1 & a_{12} \\ c_2 & a_{22} \end{vmatrix}, \quad a_{11}c_2 - a_{21}c_1 = \begin{vmatrix} a_{11} & c_1 \\ a_{21} & c_2 \end{vmatrix} \tag{1.72}$$

したがって，式 (1.69) と式 (1.70b) の x と y の解は，分母の行列式の値がゼロでなければ（ゼロなら不能），式 (1.69), 式 (1.70b), 式 (1.51), および式 (1.72) を使って，次のように求められます．

$$x = \frac{\begin{vmatrix} c_1 & a_{12} \\ c_2 & a_{22} \end{vmatrix}}{\Delta}, \quad y = \frac{\begin{vmatrix} a_{11} & c_1 \\ a_{21} & c_2 \end{vmatrix}}{\Delta} \tag{1.73}$$

以上をまとめると，式 (1.68a), (1.68b) で表される連立 1 次方程式の解は，行列式を使って以下のようにして与えられることがわかります．すなわち，連立 1 次方程式を式 (1.68a), (1.68b) のように左辺に変数の入った式をおき，右辺に定数項を書きます．そして，左辺の x, y の係数を使って行列式を作り，これを x と y の解の分母に使います．一方，x の分子におく行列式は，式 (1.71) の行列式

の1列目の成分を連立方程式の右辺の2個の定数で置き換えて作ります．また，yの分子におく行列式は，同様に式 (1.71) の行列式の2列目の成分を右辺の2個の定数で置き換えて作ります．

例えば，行列の項で示した式 (1.63) で表される，ツルカメ算の連立1次方程式を，ここで説明した行列式を使って解いてみましょう．式 (1.63) の左辺の係数で作られる行列式は，次のようになります．

$$\begin{vmatrix} 1 & 1 \\ 2 & 4 \end{vmatrix} = 1 \times 4 - 1 \times 2 = \Delta \tag{1.74}$$

また，この行列式の1列目の成分と2列目の成分を，それぞれ式 (1.63) の右辺の定数で置き換えた行列式は，それぞれ次のようになります．

$$\begin{vmatrix} 11 & 1 \\ 34 & 4 \end{vmatrix}, \quad \begin{vmatrix} 1 & 11 \\ 2 & 34 \end{vmatrix} \tag{1.75}$$

これらの式 (1.74) と式 (1.75) で表される行列式を使うと，解の x（ツルの数）と y（カメの数）は，式 (1.73) に従って，それぞれ次の式で与えられます．

$$x = \frac{\begin{vmatrix} 11 & 1 \\ 34 & 4 \end{vmatrix}}{\Delta} = \frac{44 - 34}{4 - 2} = 5 \tag{1.76a}$$

$$y = \frac{\begin{vmatrix} 1 & 11 \\ 2 & 34 \end{vmatrix}}{\Delta} = \frac{34 - 22}{4 - 2} = 6 \tag{1.76b}$$

式 (1.76a), (1.76b) で得られた x と y の解は，行列を使って解いた場合の式 (1.66b) で表される解の計算経過とよく似ていて，結果も同じです．以上のことから，式 (1.76a), (1.76b) で与えられる解の妥当性も確認できたと思います．

以上で，連立方程式が行列式を使って解けることと，行列式を使って連立方程式を解く方法を説明しました．しかし，これまでの説明だけでは，行列式を使って連立方程式を解く方法に有難味を感じる読者は少ないかもしれません．実は，連立方程式の解法に行列式がその威力を発揮するのは，2元の連立1次方程式のときではなく，多元の連立1次方程式の場合なのです．

例えば，連立1次方程式として次の連立1次方程式を考えてみましょう．

1.7 行列式

$$\begin{cases} x+y+z+u=10 \\ 2x+4y+6z+8u=40 \\ 2x+4z=16 \\ 2x+2y+5z+2u=26 \end{cases} \tag{1.77}$$

この式 (1.77) は4元の連立1次方程式ですが，これを通常の方法で解くのはかなり面倒です．すなわち，かなりの神経を使って注意深く演算しないと途中でミスを犯して正解を得ることはできないでしょう．こうした場合に行列式を使うと，比較的容易に解が得られます．異論を唱える人も中にはおられるようですが，行列式を使い慣れた人なら大抵は賛同されます．読者のみなさんには以下の説明も読んで簡単かどうか判断して頂ければと考えます．

例えば，この式 (1.77) の x と z の解と Δ の値は，これまでに述べた方法に従って容易に，次の式で与えられることがわかります．

$$x = \frac{1}{\Delta}\begin{vmatrix} 10 & 1 & 1 & 1 \\ 40 & 4 & 6 & 8 \\ 16 & 0 & 4 & 0 \\ 26 & 2 & 5 & 2 \end{vmatrix} \quad z = \frac{1}{\Delta}\begin{vmatrix} 1 & 1 & 10 & 1 \\ 2 & 4 & 40 & 8 \\ 2 & 0 & 16 & 0 \\ 2 & 2 & 26 & 2 \end{vmatrix} \quad \Delta = \begin{vmatrix} 1 & 1 & 1 & 1 \\ 2 & 4 & 6 & 8 \\ 2 & 0 & 4 & 0 \\ 2 & 2 & 5 & 2 \end{vmatrix} \tag{1.78}$$

しかしながら，解の式 (1.78) の行列式では行と列の数が4個ずつあり，4行4列の行列式になっています．だから，解を得るには，行列式の値を求める行列式の計算方法を知る必要があります．それとともに，できれば，行列式の計算を簡単に行う方法も知りたいところです．以下にこれらについて説明することにします．

・行列式の計算方法

ここでは行列式を A として，2行2列と3行3列の行列式，および4行4列以上の多行多列の行列式の計算方法を説明することにします．まず，2行2列の行列式の計算方法は，次のようになります．

$$A = \begin{vmatrix} a_{11} & a_{12} \\ a_{21} & a_{22} \end{vmatrix} = a_{11}a_{22} - a_{12}a_{21} \tag{1.79}$$

この計算では，左上と右下の行列式の成分の積から右上と左下の成分の積を引き算しています．

次に3行3列の行列式の計算ですが，これには2つの方法があります．1つの方法は2行2列の行列式の計算の場合と同じように，行列式の成分をたすき掛けに掛けて2つの和を作り，引き算をする方法です．この場合には成分が3個の積

になりますので，図1.6に示すように，少し複雑になります．2行2列の場合の計算に準じた3行3列の行列式の計算方法はサラスの方法とよばれます．サラスの方法では，図1.6に示すように，左上から右下の方向へ並ぶ3個の成分を右回りに掛け合わせた和から，右上から左下の方向へ並ぶ3個の成分を左回りに掛け合わせた和を引きます．すなわち，図1.6に示す場合で，計算結果を示すと，次のようになります．

$$A = \begin{vmatrix} a_{11} & a_{12} & a_{13} \\ a_{21} & a_{22} & a_{23} \\ a_{31} & a_{32} & a_{33} \end{vmatrix} = a_{11}a_{22}a_{33} + a_{12}a_{23}a_{31} + a_{13}a_{21}a_{32}$$
$$- (a_{13}a_{22}a_{31} + a_{12}a_{21}a_{33} + a_{11}a_{23}a_{32}) \quad (1.80)$$

サラスの方法は行列式の値を計算する便利な方法ですが，この方法は2行2列および3行3列の行列式にしか適用できません．4行4列以上の行列式の値の計算はできないのです．4行4列以上の行列式の計算には次に述べる方法を使う必要があります．

もう1つの方法を，3行3列の行列式を例にとって説明しますと，次のようになります．すなわち，この方法では3行3列の行列式を2行2列の小行列式の和に展開（または分解）して演算します．その結果を示すと，次のようになります．

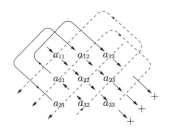

図1.6 サラスの方法（3行3列の行列式の計算方法）

$$A = \begin{vmatrix} a_{11} & a_{12} & a_{13} \\ a_{21} & a_{22} & a_{23} \\ a_{31} & a_{32} & a_{33} \end{vmatrix} = a_{11}\begin{vmatrix} a_{22} & a_{23} \\ a_{32} & a_{33} \end{vmatrix} - a_{12}\begin{vmatrix} a_{21} & a_{23} \\ a_{31} & a_{33} \end{vmatrix} + a_{13}\begin{vmatrix} a_{21} & a_{22} \\ a_{31} & a_{32} \end{vmatrix}$$
$$(1.81)$$

この方法では，上の式(1.81)に示すように，展開して作った新しい小行列式（この場合は2行2列の行列式）の頭につける係数に，元の行列式Aの第1行目の成分a_{11}，a_{12}，a_{13}を順番に使い，係数の前につける符号を前から順に正，負，正とします．そして，各2行2列の行列式は，係数に使った行列式の成分の直下に並ぶ列の成分は除いて，第2行目以下の成分を使って，式(1.81)に示すように作ります．

このように行列式を1つ下の小行列式に展開して，その値を計算する方法は，3

行 3 列以上のすべての行列式の計算に適用できます．4 行 4 列以上の行列式の演算はこの方法を使って，3 行 3 列以下の小行列式に展開することによって計算できます．このときの，小行列式の前につける符号は，前から数えて奇数番目の項は正，偶数番目の項は負にします．

以上で行列式の値を求める方法はわかりましたが，それでも式 (1.78) で表されるような行列式の値を計算することはかなり面倒そうです．計算を簡単に行えるなにか便法はないのでしょうか？ところが，実はあるのです．以下に説明する行列式の性質を上手に利用すれば，行列式の計算は，このあと示すように，きわめて簡単になります．

・行列式の性質

以下の行列式の性質を熟知しておいて，これを応用すると行列式の計算は格段に容易になります．その意味からも行列式の性質をしっかり理解しておくことは重要です．

さて，行列式の性質ですが，これを行列式の例を使った説明を加えて，箇条書きにして列挙すると以下のようになります．

a. 1 つの行または列の成分がすべて 0 なら行列式の値は 0 になる．

$$\begin{vmatrix} 1 & 2 & 3 \\ 0 & 0 & 0 \\ 4 & 5 & 6 \end{vmatrix} = 0 \quad \begin{vmatrix} 1 & 2 & 0 \\ 4 & 5 & 0 \\ 7 & 8 & 0 \end{vmatrix} = 0 \quad (1.82)$$

これらの式が成り立つことはサラスの方法を使って値を計算してみると容易にわかります．

b. 1 つの行（または列）の成分がほかの行（または列）の成分とすべて同じなら，行列式の値は 0 である．

$$\begin{vmatrix} 1 & 2 & 3 \\ 1 & 2 & 3 \\ 4 & 5 & 6 \end{vmatrix} = 0 \quad \begin{vmatrix} 1 & 2 & 1 \\ 4 & 5 & 4 \\ 7 & 8 & 7 \end{vmatrix} = 0 \quad (1.83)$$

c. 2 つの行（または列）の成分が比例していると，行列式の値は 0 になる．

$$\begin{vmatrix} 1 & 2 & 3 \\ 2 & 4 & 6 \\ 4 & 5 & 6 \end{vmatrix} = 0 \quad \begin{vmatrix} 1 & 2 & 1 \\ 2 & 4 & 2 \\ 7 & 8 & 7 \end{vmatrix} = 0 \quad (1.84)$$

これらの b, c の性質は，行列式の値を計算してもわかりますが，このあとの性

質 f を使うと，1つの行の成分がすべて0になるので，a の性質に従って行列式の値が0になることがわかります．

d. 1つの行（または列）の成分のすべてを k 倍すると，行列式の値も k 倍になる．

$$\begin{vmatrix} a_1 & a_2 & a_3 \\ kb_1 & kb_2 & kb_3 \\ c_1 & c_2 & c_3 \end{vmatrix} = k \begin{vmatrix} a_1 & a_2 & a_3 \\ b_1 & b_2 & b_3 \\ c_1 & c_2 & c_3 \end{vmatrix} \tag{1.85}$$

e. ある行（または列）の成分をほかの行（または列）の成分とそっくり交換すると，行列式の符号が逆になる．

$$\begin{vmatrix} a_1 & a_2 & a_3 \\ b_1 & b_2 & b_3 \\ c_1 & c_2 & c_3 \end{vmatrix} = - \begin{vmatrix} a_1 & a_2 & a_3 \\ c_1 & c_2 & c_3 \\ b_1 & b_2 & b_3 \end{vmatrix} \tag{1.86}$$

f. ある行（または列）にほかの行（または列）の対応する成分の k 倍を加えても引いても，行列式の値は変わらない．

$$\begin{vmatrix} a_1 & a_2 & a_3 \\ b_1 & b_2 & b_3 \\ c_1 & c_2 & c_3 \end{vmatrix} = \begin{vmatrix} a_1 + ka_2 & a_2 & a_3 \\ b_1 + kb_2 & b_2 & b_3 \\ c_1 + kc_2 & c_2 & c_3 \end{vmatrix} \tag{1.87}$$

g. 行と列の成分をそっくり入れ換えても，行列式の値は変わらない．

$$\begin{vmatrix} a_1 & a_2 & a_3 \\ b_1 & b_2 & b_3 \\ c_1 & c_2 & c_3 \end{vmatrix} = \begin{vmatrix} a_1 & b_1 & c_1 \\ a_2 & b_2 & c_2 \\ a_3 & b_3 & c_3 \end{vmatrix} \tag{1.88}$$

・行列式の性質を使った行列式の簡略化の実際の例

ここで応用として，式 (1.78) の Δ の行列式を上記の性質を使って簡潔化して，その値を求めてみましょう．まず，上記の行列式の性質 f を使って，式 (1.78) の Δ の行列式の第2行，第3行，および第4行成分から第1行の2倍の成分を引くと，次のようになります．

$$\Delta = \begin{vmatrix} 1 & 1 & 1 & 1 \\ 2 & 4 & 6 & 8 \\ 2 & 0 & 4 & 0 \\ 2 & 2 & 5 & 2 \end{vmatrix} = \begin{vmatrix} 1 & 1 & 1 & 1 \\ 0 & 2 & 4 & 6 \\ 0 & -2 & 2 & -2 \\ 0 & 0 & 3 & 0 \end{vmatrix} \tag{1.89}$$

次に，式 (1.89) の右辺の行列式を1つ下の小行列式の和に展開すると，次のようになります．

$$\begin{vmatrix} 1 & 1 & 1 & 1 \\ 0 & 2 & 4 & 6 \\ 0 & -2 & 2 & -2 \\ 0 & 0 & 3 & 0 \end{vmatrix} = \begin{vmatrix} 2 & 4 & 6 \\ -2 & 2 & -2 \\ 0 & 3 & 0 \end{vmatrix} - \begin{vmatrix} 0 & 4 & 6 \\ 0 & -2 & -2 \\ 0 & 3 & 0 \end{vmatrix} + \begin{vmatrix} 0 & 2 & 6 \\ 0 & -2 & -2 \\ 0 & 0 & 0 \end{vmatrix} - \begin{vmatrix} 0 & 2 & 4 \\ 0 & -2 & 2 \\ 0 & 0 & 3 \end{vmatrix}$$
(1.90)

式 (1.90) で表される右辺の 4 個の小行列式のうち第 1 項の行列式には値がありますが，残りの第 2，第 3 および第 4 項は，各行列式の第 1 列目の行列成分がすべて 0 ですので，値は 0 になり消えます．だから，Δ の値は式 (1.90) の最初の行列式の値をサラスの方法を使って計算して，次のように -24 と求まります．

$$\begin{vmatrix} 1 & 1 & 1 & 1 \\ 0 & 2 & 4 & 6 \\ 0 & -2 & 2 & -2 \\ 0 & 0 & 3 & 0 \end{vmatrix} = \begin{vmatrix} 2 & 4 & 6 \\ -2 & 2 & -2 \\ 0 & 3 & 0 \end{vmatrix} = 0 + 0 - 36 - (0 + 0 - 12) = -24 \quad (1.91)$$

これは行列式の性質が非常にうまく利用できた場合ですが，行列式の性質を使うと多くの場合に行列式の計算がかなり楽になります．この方法の利用をぜひとも推奨したいものです．

1.8 grad, div, rot とその意味，および重要な公式

・微分演算子とベクトル微分演算子

ベクトルには，1.1 節に説明したように，位置座標の関数で，$\boldsymbol{A}(r)$ とか $\boldsymbol{A}(x,y,z)$ で表される，ベクトル場があります．grad などでは x, y, z で微分するベクトルを扱うので，ここではベクトル場を前提にしています．このことをまず指摘しておきたいと思います．

さて，この節で扱う微分演算子の grad, div, rot などが出てくると，'これは難しい！'と直ちに頭を抱える人がいます．しかし，これは誤りです！1.1 節および 1.2 節に説明したベクトルの基礎演算の規則をよく理解した上で，grad, div, rot などの演算子の定義をきちんと読めば，なんら難しいところはないはずです．これまで，これらの微分演算子を難しいと考えていた人や初心者の読者も，あまり気にしないで読み進めてください．

さて，ある関数を x で微分する記号は d/dx で表されますが，この記号は微分演算子ともよばれます．演算子というのは，この記号の右側におかれる関数など

の式に何らかの作用をして，別の関数や式を作るものです．例えば，d/dx を関数 $f(x)$ の左側において $f(x)$ に作用させる $\{f(x)(d/dx) = df(x)/dx\}$ と，d/dx は $f(x)$ に作用して $f(x)$ は微分され，導関数 $f'(x)$ ができます．

ここで説明する grad, div, rot も微分演算子ですが，これらの演算子の内容を表す式で使われる微分には偏微分が使われます．偏微分というのは，2つ以上の変数をもつ関数について，1つの変数だけを変動させて演算を行う微分です．偏微分は微分記号にラウンド（ほかにラウンドディー，デルなどの読みも）と読まれる記号 ∂ が使われ，x による偏微分は $\partial/\partial x$ と書かれます．しかし，偏微分の意味するところは偏微分 $\partial/\partial x$ も微分 d/dx と同じですから，難しいなどと考える必要はまったくありません．

grad, div, rot は普通3次元の微分演算子になっていて，次に示すように，偏微分を使って表されています．これらの表記には，3次元ベクトル微分演算子である ∇（ナブラと読む）がしばしば使われます．微分演算子ナブラ ∇ は，偏微分記号を係数とするベクトルの1次結合ですが，x, y, z 軸の単位ベクトル $\boldsymbol{i}$, $\boldsymbol{j}$, $\boldsymbol{k}$ と偏微分記号を使って，次の式で表されます．

$$\nabla = \frac{\partial}{\partial x}\boldsymbol{i} + \frac{\partial}{\partial y}\boldsymbol{j} + \frac{\partial}{\partial z}\boldsymbol{k} \tag{1.92}$$

・**grad, div, rot をベクトル微分演算子 ∇ を使って表す**

スカラー関数 ϕ に grad を作用させた $\mathrm{grad}\,\phi$ は，ϕ の勾配を表します．そして，ベクトル場 $\boldsymbol{A}$ に div を作用させた $\mathrm{div}\,\boldsymbol{A}$ はベクトル $\boldsymbol{A}$ の発散とよばれます．また，$\boldsymbol{A}$ に rot を作用させた $\mathrm{rot}\,\boldsymbol{A}$ は，ベクトル $\boldsymbol{A}$ の回転とよばれます．そして，これらは式 (1.92) に示した，ベクトル微分演算子の ∇ を使って，次のように表されます．

すなわち，$\mathrm{grad}\,\phi$ は ∇ の ϕ 倍（スカラー倍）になり，次の式で表されます．

$$\begin{aligned}\mathrm{grad}\,\phi = \nabla\phi &= \left(\frac{\partial}{\partial x}\boldsymbol{i} + \frac{\partial}{\partial y}\boldsymbol{j} + \frac{\partial}{\partial z}\boldsymbol{k}\right)\phi \\ &= \frac{\partial \phi}{\partial x}\boldsymbol{i} + \frac{\partial \phi}{\partial y}\boldsymbol{j} + \frac{\partial \phi}{\partial z}\boldsymbol{k}\end{aligned} \tag{1.93}$$

また，$\mathrm{div}\,\boldsymbol{A}$ は ∇ とベクトル $\boldsymbol{A}$ のスカラー積で，次のようなります．

1.8 grad, div, rot とその意味，および重要な公式

$$\text{div}\boldsymbol{A} = \nabla \cdot \boldsymbol{A} = \left(\frac{\partial}{\partial x}\boldsymbol{i} + \frac{\partial}{\partial y}\boldsymbol{j} + \frac{\partial}{\partial z}\boldsymbol{k}\right) \cdot (A_x\boldsymbol{i} + A_y\boldsymbol{j} + A_z\boldsymbol{k})$$

$$= \frac{\partial A_x}{\partial x} + \frac{\partial A_y}{\partial y} + \frac{\partial A_z}{\partial z} \tag{1.94}$$

そして，rot $\boldsymbol{A}$ は ∇ とベクトル $\boldsymbol{A}$ のベクトル積で，次のようなります.

$$\text{rot}\boldsymbol{A} = \nabla \times \boldsymbol{A} = \left(\frac{\partial}{\partial x}\boldsymbol{i} + \frac{\partial}{\partial y}\boldsymbol{j} + \frac{\partial}{\partial z}\boldsymbol{k}\right) \times (A_x\boldsymbol{i} + A_y\boldsymbol{j} + A_z\boldsymbol{k})$$

$$= \left(\frac{\partial A_z}{\partial y} - \frac{\partial A_y}{\partial z}\right)\boldsymbol{i} + \left(\frac{\partial A_x}{\partial z} - \frac{\partial A_z}{\partial x}\right)\boldsymbol{j} + \left(\frac{\partial A_y}{\partial x} - \frac{\partial A_x}{\partial y}\right)\boldsymbol{k} \tag{1.95}$$

・grad の意味と用途

ある関数を ϕ とすると，これを x で微分した $d\phi/dx$ は，これまで説明したように，ϕ の x 方向の傾き（勾配）を表しています．偏微分は微分と同じように考えてよいので，$\partial \phi/\partial x$ も x 方向の勾配を表しています．$d\phi/dx$ に対して grad ϕ では $\partial \phi/\partial x$ が x 方向の勾配を表しています．同様に，$\partial \phi/\partial y$ は y 方向の勾配，$\partial \phi/\partial z$ は z 方向の勾配を表していますので，結局 grad ϕ は 3 次元の勾配を表しています．

私たちが自然の景色でお目にかかる山の傾斜なども 3 次元の勾配をもっています．学術的な現象では電磁気学に電位（電圧差）がありますが，これも 3 次元の勾配をもっています．そして，電位の勾配は電場とか電界とかとよばれます．電場（電界）を表す記号には $\boldsymbol{E}$ が使われますが，電場 $\boldsymbol{E}$ は電位の勾配なので，電位 V と grad を使って次のように表されます．

$$\boldsymbol{E} = -\text{grad}\,V \tag{1.96}$$

この式は序章の式 (1) にも示しています．

grad を使って表される物理量には電場のほかに，万有引力があります．万有引力のポテンシャル ϕ は，$\phi = -GMm/r$（G, M, m はそれぞれ万有引力定数と 2 個の物体の質量で，r は 2 個の物体間の距離）で表されますので，万有引力（場）$\boldsymbol{F}$ は次の式で表されます．

$$\boldsymbol{F} = -\text{grad}\,\phi \tag{1.97}$$

最後に，grad には興味深い性質があることを指摘しておきます．すなわち，式 (1.93) をみるとわかるように，ポテンシャル ϕ というスカラー量に grad を作用させると，これがベクトル量に変えられることです．

・div の意味と用途

div は発散とか湧き出しの意味をもつ演算子です．式 (1.94) で表される div $\boldsymbol{A}$ がなぜ湧き出しの意味をもつかについて，水の流れの 2 次元モデルを使って考えてみましょう．ここで 2 次元の数式で考えることにしたのは，問題を簡略化して議論をわかりやすくするためです．

ここでは，水の流れが単位時間に速度 $\boldsymbol{v}$ で，図 1.7 に示す，微小な長方形 ABCD に流れ込んだあと，この長方形から流れ出ている状況を想定しています．すなわち，この長方形へ水がその一辺 AB を通って流入し，向かいの辺の DC を通って流出しているとします．そうすると，AB へ流入する水量は流れの速度の x 成分 v_x と AB の長さ Δy の積に比例しますので，$v_x(x,y)\Delta y$ となります．また，CD から流出する流れの水量は，x 座標が Δx だけ変化しますが，同様に考えて $v_x(x+\Delta x, y)\Delta y$ となります．

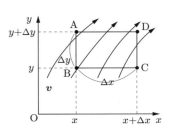

図 1.7　div の水流をモデルにした説明

流入する流量と流出する流量が等しければ，水が ABCD を通過したとき，この間の水の増減はないのですが，両者に差があればそうではありません．すなわち，両者の差を表す次に述べる式の U が正であれば ABCD を通過する間に水の増量，すなわち水の湧き出しがあることになります．

AB から流入して DC を流出する流量について差をとると，次の式が成り立ちます．

$$U_x = v_x(x+\Delta x, y)\Delta y - v_x(x,y)\Delta y \tag{1.98a}$$

同様にして，BC から流入して AD を流出する流量について，次の式が成り立ちます．

$$U_y = v_y(x, y+\Delta y)\Delta x - v_y(x,y)\Delta x \tag{1.98b}$$

したがって，水量に増量がある場合の総量は式 (1.98a)，(1.98b) を加えて次の式で表されます．

1.8 grad, div, rot とその意味，および重要な公式

$$U = U_x v + U_y = \{v_x(x+\Delta x, y) - v_x(x, y)\}\Delta y + \{v_y(x, y+\Delta y) - v_y(x, y)\}\Delta x \tag{1.99}$$

この式 (1.99) の U を $\Delta x \Delta y$ で割ると，右辺から，次の式ができます．

$$\frac{v_x(x+\Delta x, y) - v_x(x, y)}{\Delta x} + \frac{v_y(x, y+\Delta y) - v_y(x, y)}{\Delta y} \tag{1.100}$$

この式の第 1 項は Δx を 0 に漸近すると v_x の x による微分になるし，第 2 項は同様に v_y の y による微分になるので，微分を偏微分に変更して書くと，結局，水の増量，すなわちわき出しを表す式として，式 (1.99) から次の式が得られます．

$$\frac{\partial v_x}{\partial x} + \frac{\partial v_y}{\partial y} \tag{1.101}$$

この式 (1.101) は 2 次元の場合の div $\boldsymbol{v}$ の式になっているので，式 (1.94) は 3 次元の場合の湧き出しを表しているのです．

div は発散とか湧き出し現象を表す物理現象を表すときに使われます．例えば，ファラデーは電荷から電気力線が湧き出して，電気力線が電場（電界）を作ると考えたのですが，これをマクスウェルは div を使って，div $\boldsymbol{E} = \sigma/\varepsilon_0$ と表しました．ここで，σ は電荷密度で ε_0 は真空の誘電率です．この式を電場 $\boldsymbol{E}$ の湧き出しを表していると説明する人もいます．そして，磁気には（磁場を作る）磁力線を発生するような磁荷は存在しないので，磁場（磁界）の場合には div $\boldsymbol{H} = 0$ となります（$\boldsymbol{H}$ は磁場を表します）．

・rot の意味と用途

rot は一般には回転の意味がある演算子といわれていますが，rot には回転のほかに循環とか渦巻き，捻じれなどの意味をもつ物理量を表すときにも使われます．これには背景があって，rot は英語の rotation の省略語になっていますが，rot と同じ目的に使われる演算子に curl があります．この curl に渦巻きとか捻じれの意味があるのです．なお，和書では rot と書かれるべき数式が，洋書の理系の専門書ではほとんど curl と書かれていますので注意が必要です．

次に，rot という演算子が回転の意味をもつわけを調べてみましょう．rot の演算子には式 (1.95) に示すように，$\partial/\partial y - \partial/\partial z$, $\partial/\partial z - \partial/\partial x$, $\partial/\partial x - \partial/\partial y$ の数式が現れますが，この数式が回転の意味とどのような関係をもっているかを見てみましょう．

いま，図 1.8 に示すように，xy 直交座標の原点を中心としてこの図に描けるよ

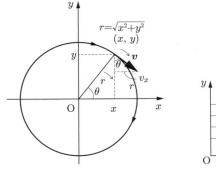
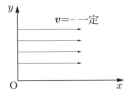

図 1.8 rot の説明用の円形の流れ　　**図 1.9** 直進する流れでは rot 成分はゼロ

うな流れがあり，半径 r の位置での流れの速度が $\boldsymbol{v}$ だとします．流れ速度 $\boldsymbol{v}$ の x 成分と y 成分をそれぞれ v_x, v_y とすると，$x = r\cos\theta$, $y = r\sin\theta$ となるので，v_x と v_y は v の角速度を ω として，次のように表されます．

$$v_x = v\sin\theta = \omega r\sin\theta = \omega y$$
$$v_y = -v\cos\theta = -\omega r\cos\theta = -\omega x \tag{1.102}$$

したがって，rot $\boldsymbol{v}$ の z 成分は次にようになります．

$$(\mathrm{rot}\,\boldsymbol{v})z = \frac{\partial v_y}{\partial x} - \frac{\partial v_x}{\partial y} = -\omega - \omega = -2\omega \tag{1.103}$$

この式 (1.103) は rot $\boldsymbol{v}$ の z 成分が ω という回転の成分をもっていることを示しているので，この流れは当然ですが回転の成分をもっています．

しかし，流れ速度 $\boldsymbol{v}$ が図 1.9 に示すように x 方向に一定の速度 C のとき，つまり $v_x = C$ の場合には，v_x の y による偏微分は 0 になるし，v_y や v_z の成分は最初から存在しません．だから，rot $\boldsymbol{v}$ の x, y, z 成分がすべて 0 になります．したがって，x 方向に一定速度の流れには，当然といえば当然ですが，回転成分は存在しないということがわかります．

電磁気学の基本方程式ともいわれるマクスウェル方程式には rot を使った数式が複数個使われていますが，このことからも電磁気現象の表現には rot が便利に使われていることがわかります．例えば，電流のまわりには磁気（磁力線）が発生しますが，この現象は磁場 $\boldsymbol{H}$ と電流密度 $\boldsymbol{j}$ を使って，次のように表されます．

$$\operatorname{rot} \boldsymbol{H} = \boldsymbol{j} \tag{1.104}$$

また，電磁誘導現象は磁場（磁束密度 $\boldsymbol{B}$ を使って）が時間変化すると電場 $\boldsymbol{E}$ が発生する現象ですが，これにも rot が使われ，次のように表されます．

$$\operatorname{rot} \boldsymbol{E} = -\frac{\partial \boldsymbol{B}}{\partial t} \tag{1.105}$$

1.9 ベクトルを使った重要な公式

・ベクトル演算の重要な公式

ここでは使われる頻度の高いベクトル演算の重要な公式をピックアップして記し，簡単な説明を加えておくことにします．これらの公式はちょっとみると難しく感じます．しかし，落ち着いてよくみると，1章で説明したベクトルの基礎演算が理解できていれば，難しいと敬遠するようなものではないことがわかります．なお，ここで使うベクトルもベクトル場を表しています．

a. スカラー 3 重積

$$\boldsymbol{A} \cdot (\boldsymbol{B} \times \boldsymbol{C}) = \boldsymbol{B} \cdot (\boldsymbol{C} \times \boldsymbol{A}) = \boldsymbol{C} \cdot (\boldsymbol{A} \times \boldsymbol{B}) \tag{1.106}$$

スカラー3重積は，図1.10に示すように，ベクトル $\boldsymbol{A}$, $\boldsymbol{B}$, $\boldsymbol{C}$ の作る平行六面体の体積を表しています．なぜかといいますと，$\boldsymbol{B}$ と $\boldsymbol{C}$ のなす角を ϕ とすると，ベクトル積 $\boldsymbol{B} \times \boldsymbol{C}$ の絶対値は $BC\sin\phi$ となります．また，$\boldsymbol{B} \times \boldsymbol{C}$ の方向とベクトル $\boldsymbol{A}$ のなす角を θ とすると，$\boldsymbol{A}$ と $\boldsymbol{B} \times \boldsymbol{C}$ のスカラー積の絶対値は $A(BC\sin\phi)\cos(90° - \theta) = (A\sin\theta) \times (BC\sin\phi)$ となります．すると，$BC\sin\phi$ は図1.10の斜線の

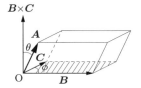

図 1.10 スカラー 3 重積は平行六面体の体積

部分の面積で，$A\sin\theta$ は平行六面体の高さを表すことになるので，2つの積の値はこの立方体の体積になるからです．

なお，x, y, z 軸の単位ベクトルに関するスカラー3重積は，単位ベクトルの値がすべて1であるために，次の関係式が成り立ちます．

$$\boldsymbol{i} \cdot (\boldsymbol{j} \times \boldsymbol{k}) = \boldsymbol{j} \cdot (\boldsymbol{k} \times \boldsymbol{i}) = \boldsymbol{k} \cdot (\boldsymbol{i} \times \boldsymbol{j}) = 1 \tag{1.107}$$

b. ベクトル3重積

$$A \times (B \times C) = (A \cdot C)B - (A \cdot B) \cdot C \tag{1.108}$$

ベクトル3重積もベクトルの基礎演算（の方法）を使って証明することができますが，煩雑になるので，ここでは省略します．

c. ナブラ (∇) 2乗

ナブラ2乗 ∇^2 はナブラ ∇ とナブラ ∇ のスカラー積なので，次の式で表されます．

$$\nabla^2 = \nabla \cdot \nabla = \frac{\partial^2}{\partial x^2} + \frac{\partial^2}{\partial y^2} + \frac{\partial^2}{\partial z^2} \tag{1.109}$$

この式の証明は簡単なので読者に任せることにします．この式の最右辺の式はラプラス記号の Δ （ラプラシアン）を使っても表すことができます．なぜかというと，$\nabla \cdot \nabla = \nabla^2 = \Delta$ という関係があるからです．

d. ナブラ記号 ∇ を使った公式と，grad, div, rot を使っての書き換え

次の式を考えます．

$$\nabla \cdot (\nabla \times A) = 0 \tag{1.110}$$

この式の証明は章末の演習問題に採用することにします．この公式 (1.110) は div と rot を使って，次のように書き換えることができます．すなわち，いま $\nabla \times A = \text{rot}\, A = G$ とおくと，$\nabla \cdot G$ は $\text{div}\, G$ と書けますので，この式において G を $\text{rot}\, A$ と書いて元に戻すと，$\nabla \cdot G = \text{div}(\text{rot}\, A)$ となります．したがって，式 (1.110) は次のように書くことができます．

$$\text{div}(\text{rot}\, A) = \text{div}\,\text{rot}\, A = 0 \tag{1.111}$$

また，ベクトル3重積の公式 (1.108) の右辺は，$A \to \nabla$, $B \to \nabla$, $C \to A$ とおくと，$(A \cdot C)B = B(A \cdot C)$ と書けるので，$(A \cdot C)B - (A \cdot B) \cdot C = \nabla(\nabla \cdot A) - \nabla \cdot \nabla C = \text{grad}\,\text{div}\, A - \nabla^2 C = \text{grad}\,\text{div}\, A - \Delta A$ となります．このように書き改めた場合のベクトル3重積の $\nabla \times (\nabla \times A)$ は，$\text{rot}\,\text{rot}\, A$ と書けるので，次の式 (1.112) で表されます．

$$\{\nabla \times (\nabla \times A) =\}\text{rot}\,\text{rot}\, A = \text{grad}\,\text{div}\, A - \Delta A \tag{1.112}$$

e. そのほかの grad を使った公式

$$\operatorname{div}\operatorname{grad}\phi = \Delta\phi \tag{1.113}$$

$$\operatorname{rot}\operatorname{grad}\phi = 0 \tag{1.114}$$

式 (1.113) は比較的簡単に証明できるので，ここでは証明を省略します．また，式 (1.114) は章末の演習問題に付け加えてることにします．

演 習 問 題

1.1 $\operatorname{rot}\operatorname{grad}\phi = 0$ となるが，このことをナブラ ∇ と単位ベクトル $\boldsymbol{i}, \boldsymbol{j}, \boldsymbol{k}$ を使って示せ．

1.2 次の行列 $\boldsymbol{A}$ と $\boldsymbol{B}$ を使って積 $\boldsymbol{AB}$ と積 $\boldsymbol{BA}$ の値を求め，$\boldsymbol{AB}$ と $\boldsymbol{BA}$ の間に等式が成立するかどうかについて答えよ．

$$\boldsymbol{A} = \begin{bmatrix} 1 & 2 \\ 2 & 1 \end{bmatrix}, \quad \boldsymbol{B} = \begin{bmatrix} 0 & 2 \\ 1 & 0 \end{bmatrix}$$

1.3 xy 直交座標の次の座標点 $(1,3)$ を，$y=x$ の直線に関して対称に移動したときの，移動後の座標を示せ．

1.4 次の行列 $\boldsymbol{A}$ の逆行列を求めよ．

$$\boldsymbol{A} = \begin{bmatrix} 1 & 3 \\ 3 & 1 \end{bmatrix}$$

1.5 イカとタコが合わせて 5 匹いるという．イカの足を 10 本として（生物学的には 2 本は触腕とよび，足は 8 本らしいがここでは 10 本とする），イカとタコの足の数は合わせて 46 本であった．イカとタコはそれぞれ何匹いるか？

1.6 本文の式 (1.78) に現れる z の行列式の値を求めよ．

1.7 ベクトル $\boldsymbol{A}$ を $\boldsymbol{A} = A_x\boldsymbol{i} + A_y\boldsymbol{j} + A_z\boldsymbol{k}$ として，次の $\operatorname{rot}\boldsymbol{A}$ を表す行列式を展開して本文の式 (1.95) と一致することを示せ．

$$\operatorname{rot}\boldsymbol{A} = \begin{vmatrix} \boldsymbol{i} & \boldsymbol{j} & \boldsymbol{k} \\ \frac{\partial}{\partial x} & \frac{\partial}{\partial y} & \frac{\partial}{\partial z} \\ A_x & A_y & A_z \end{vmatrix}$$

1.8 $\operatorname{div}(\operatorname{rot}\boldsymbol{A}) = 0$ が成り立つことを示せ．

Chapter 2

複素数,微分,そして積分

　複素数,微分,積分は物理数学の活躍する多くの分野において常時使われる便利な道具です.複素数は人工的な産物である虚数と実数を組み合わせて創られた数ですが,物理の問題の解析や演算に巧みに使われています.例えば,複素数は振動や波動の問題に便利に使われます.また,本書においては微分と積分の基礎知識を前提としていますが,慣れていない初学者の方々や使用の頻度の少ない読者の便宜のために,微分と積分の定義と導関数および原始関数を説明し,基本的な演算公式を解説しておきます.なお,複素数を6章の複素関数論と別にここにも載せたのは,このあとに続く章で使用されるためです.

2.1 虚数と複素数

2.1.1 純虚数

数学者が頭で考えて創作した人工的な産物の虚数単位

　数学で使われている数には実数のほかに虚数があります.虚数には虚数単位というものがありますが,虚数単位は数学者が頭で考えて創作したもので,実在の数を表すものではありません.というのは,虚数単位は2乗してマイナス1(-1)になる数だからです.

　虚数単位ですが,虚数は英語で imaginary number とよばれる関係で,虚数単位は i(または J)で表され,上に述べたように,次の式で定義されています.

$$i^2 = -1 \qquad i = \sqrt{-1} \tag{2.1}$$

次の項で示すように a, b を実数として $a + ib$ と表される数が複素数とよばれ,$a = 0$,$b \neq 0$ の数の ib は純虚数とよばれます.純虚数は普通の数と同じように,四則演算もできますし,ここで示したように実数と組み合わせて複素数にもなり,数学や物理学で大活躍しています.注意すべきは純虚数には負がないことです.そもそも物理量にマイナス量は存在しませんので,マイナスの数字そのものが不思議なものなのです.マイナス温度があるのでは?と思われるかもしれませんが,

これは摂氏零度以下を人為的に負と決めているだけで，マイナスという温度が存在するわけではありません．

さて，純虚数の四則演算ですが，加法と減法は次のように

$$5i + 2i = 7i \text{ および } 6i - 2i = 4i \tag{2.2}$$

と普通の数字のように計算できるし，乗法と除法は次のように演算できます．

$$5i \times 2 = 10i \tag{2.3a}$$

$$5i \times 2i = -10 \tag{2.3b}$$

$$6i \div 2 = 3i \tag{2.3c}$$

$$6i \div 3i = 2 \tag{2.3d}$$

2.1.2 複素数と虚数

複素数は実数（Re）部と実数に i を掛けた虚数（Im）部を加えて作ったものです．いま，a, b を実数として，これで作った複素数を A とすると，A は次のように表されます．

$$A = a + ib \tag{2.4a}$$

だから，複素数は実数と純虚数の和で表されるといえます．なお，数学の定義では，この式 (2.4a) において $a \neq 0$ として b が $b \neq 0$ のときの複素数は虚数とよばれます．だから，$b = 0$ の場合も $A (= a)$ は複素数となり，これは特別な複素数とされています．しかし，物理数学では普通には $b \neq 0$ の場合だけが複素数とよばれています．

そして，次のように a に $-ib$ を加えた複素数は，これを $\tilde{A}$ とすると，次のように

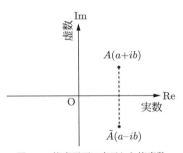

図 2.1 複素平面に表示した複素数

$$\tilde{A} = a - ib \tag{2.4b}$$

と表されますが，A と $\tilde{A}$ はお互いに複素共役であるといわれます．

また，これらの複素数 $A, \tilde{A}$ は，図 2.1 に示すように，縦軸に虚数 Im（または

i) を，横軸に実数 Re をとった図表に表すことが行われます．この図のように虚数軸 Im と実数軸 Re で作られる 2 次元平面は複素平面，またはガウス平面とよばれます．

次に複素数の演算ですが，いま 2 つの複素数を C, D とし，これらが $C = a_1 + ib_1$ および $D = a_2 + ib_2$ で表されるとすると，加法と減法は，それぞれ実数部と虚数部ごとに分けて演算し，次のようになります．

$$C + D = (a_1 + a_2) + i(b_1 + b_2) \tag{2.5a}$$

$$C - D = (a_1 - a_2) + i(b_1 - b_2) \tag{2.5b}$$

次に，乗法と除法は次のように行われます．

$$C \times D = (a_1 + ib_1)(a_2 + ib_2) = (a_1 a_2 - b_1 b_2) + i(a_1 b_2 + a_2 b_1) \tag{2.6}$$

$$\frac{C}{D} = \frac{a_1 + ib_1}{a_2 + ib_2} = \frac{(a_1 + ib_1)(a_2 - ib_2)}{(a_2 + ib_2)(a_2 - ib_2)}$$
$$= \frac{a_1 a_2 + b_1 b_2 + i(a_2 b_1 - a_1 b_2)}{a_2^2 + b_2^2} \tag{2.7}$$

また，複素数は，図 2.2 に示すように，極形式を用いても表されます．複素数としては式 (2.4a) に示した A を用いましたが，このために A を次のように書き換えました．

$$A = a + ib = |A|(\cos\theta + i\sin\theta) \quad (2.8a)$$

$$\theta = \tan^{-1}\frac{b}{a}, \quad |A| = \sqrt{a^2 + b^2} \quad (2.8b)$$

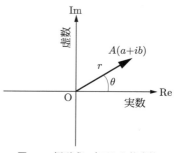

図 2.2 極形式に表示した複素数

ここで式 (2.8b) の θ は偏角とよばれます．

また，一般には複素数 z の極形式表示は r を使って，次のように表されます．

$$z = r(\cos\theta + i\sin\theta) \tag{2.9}$$

ここで r は z の絶対値で，次のようになります．

$$r = |z| \tag{2.10}$$

したがって，上記の複素数 A の場合だと $r = \sqrt{a^2 + b^2}$ となります．

式 (2.9) で表される複素数 z では θ は偏角とよばれます．そして，いま z が次の式

$$z = 1 + i \tag{2.11}$$

でも表される複素数だとすると，この複素数の絶対値 $|z|$ は $\sqrt{2}$ ですので，$r = \sqrt{2}$ となるので，式 (2.9) と式 (2.11) を使って，次の等式が成り立ちます．

$$\sqrt{2}(\cos\theta + i\sin\theta) = 1 + i \tag{2.12}$$

したがって，左右の実数同士と虚数同士が等しいとおくと，次の式が成り立ちます．

$$\cos\theta = \frac{1}{\sqrt{2}}, \quad \sin\theta = \frac{1}{\sqrt{2}} \tag{2.13}$$

式 (2.13) を充たす θ の値は，次の式で表されることがわかります．

$$\theta = \frac{\pi}{4} + 2n\pi \quad (n = 0, \pm 1, \pm 2, \ldots) \tag{2.14}$$

この式 (2.14) で示すように偏角 θ は 1 通りには決まらないで $2n\pi$ だけの不定性があります．この式の $\pi/4$ は偏角の主値とよばれますが，主値は $-\pi$ から π までの間の偏角と定義されています．

序章において式 (23) で示したオイラーの公式（$e^{i\theta} = \cos\theta + i\sin\theta$）の右辺も式 (2.9) に似ていて複素数とみなせますが，オイラーの公式を使うと，式 (2.9) で表される複素数 z は，主値を使って次のように書くことができます．

$$z = re^{i\theta} = \sqrt{2}e^{i\frac{\pi}{4}} \tag{2.15}$$

ここで，少し脱線しますが，オイラーの公式を使うと，虚数には驚くべき面白い，そして奇妙な性質があることがわかります．すなわち，オイラーの公式において $\theta = \pi/2$ とおくと，$\cos(\pi/2) = 0$，$\sin(\pi/2) = 1$ となるので，次の式が成り立ちます．

$$e^{i\frac{\pi}{2}} = i \tag{2.16}$$

この式 (2.16) を使うと，i の i 乗，すなわち i^i は次のように計算できます．

$$i^i = (e^{i\frac{\pi}{2}})^i = \exp\left(i^2\frac{\pi}{2}\right) = e^{-\frac{\pi}{2}} \tag{2.17}$$

つまり，奇妙で面白いことに i の i 乗，つまり，虚数の虚数乗は実数になるのです．式 (2.17) の値を計算してみると，値は $0.207\ldots$ となるから驚きです．

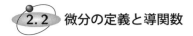
2.2 微分の定義と導関数

2.2.1 微分と微分の定義

　微分は物理数学でもごく普通に頻繁に使われるものであり，本書でこれ以降に説明する微分方程式では必ず必要なものなので，よく理解しておくことが大切です．ここで簡単に復習しておくことにします．微分は関数の変化率を表すものなので，まず，x を変数とするある関数 $y = f(x)$ を仮定し，この関数が定義される領域を A とすることにします．

　この関数 $y = f(x)$ が領域 A の中の点 a において，次の式

$$\lim_{h \to 0} \frac{f(a+h) - f(a)}{h} \tag{2.18a}$$

または，次の式

$$\lim_{x \to a} \frac{f(x) - f(a)}{x - a} \tag{2.18b}$$

が値をもつとき，この値は関数 $f(x)$ の微係数とよばれます．つまり，これらの式は関数 $y = f(x)$ の $x = a$ における微係数を表しています．こうして微係数が得られるとき，関数 $y = f(x)$ は a において微分可能であるといわれます．そして，領域 A における各点において微係数が常に存在するならば，この微係数に対応する関数は導関数とよばれます．導関数は通常，次の記号を使って表されます．

$$y', \quad \dot{y}, \quad \frac{dy}{dx}, \quad f'(x), \quad \frac{d}{dx}f(x) \tag{2.19}$$

例えば，$f(x)$ に対応する関数が，時間 t を変数として $x(t)$ と表され，これが位置座標を表す関数であれば，$x(t)$ の微係数は，式 (2.18a) において $a = t$，$h = \Delta t$ とおいて，次のようになります．

$$\lim_{\Delta t \to 0} \frac{x(t + \Delta t) - x(t)}{\Delta t} \tag{2.20}$$

そして，関数 $x(t)$ が存在する領域で微係数が存在するならば，$x'(t)$ または $dx(t)/dt$ の記号で表される位置 x の導関数は速度 $v(t)$ となり，次のように書かれます．

$$v(t) = \frac{d}{dt}x(t) \tag{2.21}$$

2.2 微分の定義と導関数

さらに，$v(t)$ の微係数に対応する関数，つまり $v(t)$ の導関数は加速度 $a(t)$ になり，次の式で表されます．

$$a(t) = \frac{d}{dt}v(t) \tag{2.22a}$$

加速度 $a(t)$ は式 (2.21) を t で微分したものなので，

$$a(t) = \frac{d}{dt}\frac{dx(t)}{dt} \tag{2.22b}$$

$$= \frac{d^2}{dt^2}x(t) \tag{2.22c}$$

と表すこともできます．ここで，式 (2.22c) は後述するように 2 階微分の式といわれます．

ここで，微係数，導関数，そして微分をよく理解するために，三角関数 $\sin x$ の $x = a$ における微係数と導関数を実際に求めてみましょう．$\sin x$ の微係数は式 (2.18a) を使って，$f(x) = \sin x$ とおくと，次の式が得られます．

$$\lim_{h \to 0} \frac{\sin(a+h) - \sin a}{h} \tag{2.23a}$$

この式 (2.23a) においては $\sin(a+h) = \sin a \cos h + \cos a \sin h$ となりますが，h の値が十分小さいときには $\cos h \fallingdotseq 1$，$\sin h \fallingdotseq h$ と近似できるので，式 (2.23a) は次のように演算できます．

$$\lim_{h \to 0} \frac{\sin a + h \cos a - \sin a}{h} = \cos a \tag{2.23b}$$

したがって，三角関数 $\sin x$ の $x = a$ における微係数は $\cos a$ と求まります．導関数は微係数の存在する 1 点に限らず（$\sin$ 関数の存在する領域内の）任意の点の微係数に対応する関数ですが，この条件のもとに導関数は $a = x$ において $\cos x$ となります．

なお，ここでは微分の回数は 1 回でしたので，関数 y の導関数は y' で表しましたが，式 (2.22b) に示したような 2 回の微分，これは 2 階微分とよばれますが，この場合の導関数は式 (2.22c) に示す $d^2x(t)/dt^2$ や y'' などで表されます．3 階，4 階，... の導関数も同様で，それぞれ，y''', y'''', ... などで表されます．記号としては，($'$) では階数が多くなると煩雑で困ることもあって，代わりに $y^{(1)}, y^{(2)}, ..., y^{(n)}$ なども使われます．

2.2.2 基本的な関数の導関数

比較的簡単な基本的な関数に対する微分公式を説明するために，$f(x)$ として次の関数を想定することにします．

$$f(x) = x^n \quad (n = 0, \pm 1, \pm 2, \ldots) \tag{2.24}$$

式 (2.24) で表される関数 x^n の $x = a$ における微係数は，式 (2.18a) を使って $x = a$, $\Delta x = h$ とおいて計算すればよいので，これを実行すると，次の式が得られます．

$$\lim_{h \to 0} \frac{(a+h)^n - a^n}{h} \tag{2.25}$$

この式 (2.25) において，$(a+h)^n$ を $\{a(1+h/a)\}^n$ と書き直すと，$(1+h/a)^n \fallingdotseq 1 + nh/a$ と近似できるので，$(a+h)^n$ は $a^n(1+nh/a) = a^n + na^{n-1}h$ となります．最後の式を，式 (2.25) に代入して演算すると，次の式が得られます．

$$\lim_{h \to 0} \frac{a^n + na^{n-1}h - a^n}{h} = na^{n-1} \tag{2.26}$$

したがって，x^n の導関数は $a = x$ とおいて，nx^{n-1} と求めることができます．式 (2.26) を使うと，$f(x) = x^n$ の導関数は，次のように書けることがわかります．

$$f'(x) = nx^{n-1}, \text{ または } \frac{d}{dx}f(x) = nx^{n-1} \tag{2.27}$$

ここで演算して示した $f(x) = x^n$ の導関数 $f'(x) = nx^{n-1}$ は，大変便利な導関数の公式で，この導関数だけ知っていても，かなりの微分演算を行うことができます．このほかのよく使われる基本的な関数の導関数は，まとめて表 2.1 に示しましたが，これらの導関数も同様に式 (2.18a) を使って導くことができます．

表 2.1 基本的な関数の導関数

$f(x)$	$f'(x)$
e^x	e^x
$\log |x|$	$\dfrac{1}{x}$
$\log ax$	$\dfrac{1}{x \log a}$
$\sin x$	$\cos x$
$\cos x$	$-\sin x$
$\tan x$	$\sec 2x$
$\cot x$	$-\operatorname{cosec} 2x$

2.2.3 微分法の公式

微分法では導関数が微分公式として使われますが，これらの導関数のほかに便利な微分法の公式がいくつかあります．これらの公式は微分方程式などで便利に使われます．

2.2 微分の定義と導関数

- 関数が定義される領域内の点 a において，$f(x)$ と $g(x)$ が微分可能であるという条件の下で，（変数は省略して書きますが）次の公式が成り立ちます．

$$(1) \quad (f \pm g)' = f' \pm g' \tag{2.28}$$

$$(2) \quad (fg)' = f'g + fg' \tag{2.29}$$

この式 (2.29) の公式 (2) は $x^2 \log x$ のような 2 つの関数で作られる関数の微分に使えるものです．すなわち，この微分では，$f = x^2$，$g = \log x$ とおくと，$f' = 2x, g' = 1/x$ なので，$x^2 \log x$ の微分はこの公式を使うと $2x \log x + x^2 \times 1/x = 2x \log x + x$ と比較的簡単に実行できます．

この公式が正しいことは，次のようにしてチェックできます．まず，関数 $F(x)$ を x^3 と仮定することにします．そして $f = x^2$，$g = x$ とおけば $F = fg$ が成り立ちます．そこで $F(x) = x^3$ の式を直接微分すると，$F'(x) = 3x^2$ となります．一方，公式 (2.29) を使うと，$f' = 2x$，$g' = 1$ なるので $(fg)' = f'g + fg' = 2x \times x + x^2 \times 1 = 3x^2$ となり，同じ答えが得られ，式 (2.29) の公式 (2) が正しいことがわかります．

$$(3) \quad \left(\frac{f}{g}\right)' = \frac{f'g - fg'}{g^2} \tag{2.30}$$

この式 (2.30) の公式 (3) もチェックしてみましょう．まず $F = f/g$ として，$f = x^3$，$g = x$ とおくと，F は x^2 となるので，F' は $2x$ となります．一方，この公式 (3) を使うと，$F = (3x^2 \times x - x^3 \times 1)/x^2 = 2x$ と同じ答えが得られ，この微分公式 (3) が正しいことがわかります．

- 2 つの関数 y と x があり，y は x の関数で $y = f(x)$ と表され，x は t の関数で $x = \psi(t)$ と表されるとします．そして，点 a と点 α がそれぞれ yx 座標と xt 座標に属する点とし，$a = \psi(\alpha)$ の関係が成り立つとします．また，関数 $f(x)$ が点 a で微分可能で，関数 $\psi(t)$ は点 α で微分可能であるならば，$f(x)$ と $\psi(t)$ で作られる合成関数 $y = F(t) = f(\psi(t))$ の $t = \alpha$ における微分は，次の式で表されます．

$$F'(\alpha) = f'(a)\psi'(\alpha) \tag{2.31}$$

$f(x)$ は y でも表されるとすると，この公式は，次のようにも書けます．

$$\frac{dy}{dt} = \frac{dy}{dx} \cdot \frac{dx}{dt} \tag{2.32}$$

この式も正しいかどうかチェックしてみましょう．いま，関数 $y = (x^3-1)/(x-1)$ があり，これを $y = f(x)$ とします．まず，$f(x)$ を演算すると $f(x) = (x^3-1)/(x-1) = x^2 + x + 1$ となります．ここで，$x - 1 = t$ とおくと，$x = t+1$ となるので，$f(x)$ を t の関数で表すと $f(t) = t^2 + 3t + 3$ となります．したがって，これを t で微分すると $f'(t) = 2t + 3$ となります．

一方，公式 (2.32) を使うと，$f(x) = y$ の関係から $y = x^2 + x + 1$ となるので $dy/dx = 2x+1 = 2t+3$, $dx/dt = 1$ となります．だから $dy/dt = dy/dx \cdot dx/dt = (2t+3) \times 1 = 2t+3$ となり，同じ結果が得られ，公式 (2.32) が正しいことがわかります．よって，公式 (2.31) も正しいことがわかります．

2.2.4 偏微分

前項までの微分では，変数が 1 つの関数 $f(x)$ を扱いましたが，ここでは複数の変数をもつ関数 $f(x, y, \ldots)$ の微分を考えることにします．一般の物理学や工学の問題では複数の変数をもつ関数を扱わなければならないこともしばしば起こります．

しかし，ここでは複雑になるのを避けるために，変数が 2 個の場合の関数 $f(x, y)$ を使うことにします．すると，この関数 $f(x, y)$ の $x = a$, $y = b$ における変数 x による偏微分の係数（偏微分係数）は，次のようになります．

$$\lim_{h \to 0} \frac{f(a+h, b) - f(a, b)}{h} \tag{2.33}$$

この関数 $f(x, y)$ が存在する領域が B であり，領域 B の中の各点において式 (2.33) で表される微係数が存在するならば，関数 $f(x, y)$ の導関数が存在しますが，この導関数は偏導関数とよばれます．そして，普通の微分の導関数と同じように，式 (2.33) で表される微係数を関数の形で表したものになります．偏導関数は微分する変数が x の場合には，記号 $\partial/\partial x$ が使われ，次の式で表されます．

$$\frac{\partial f}{\partial x} \left\{ = \frac{\partial f(x,y)}{\partial x} \right\} \tag{2.34}$$

そして，この式はラウンド（エフ）・ラウンド（エックス）と読まれます．もちろん，変数が y の偏微分では $\partial/\partial y$ となります．

2 つの変数 x と y がともに変化したときの関数の変化 df は，次の式で表されます．

$$df = \frac{\partial f}{\partial x}dx + \frac{\partial f}{\partial y}dy \tag{2.35}$$

この式 (2.35) では，$f(x,y)$ に f を使い簡略化して表しています．

2.3 積分の定義と原始関数

2.3.1 定積分と不定積分の定義

積分には定積分と不定積分があります．ここでは，まず定積分について考えることにします．いま，図 2.3 に示すような x の値が a から b までの区間の $[a,b]$ において連続な関数 $f(x)$ があるとします．ここでは，この関数と，図 2.3 に示す，区間 $[a,b]$ および x 軸で囲まれる面積 S を考えることにします．以上の事柄を前提にして次の式で表される量 I を仮定します．

$$I = \lim_{\delta k \to 0} \sum_{k=1}^{n} f(\xi_k) \delta_k \tag{2.36}$$

この式 (2.36) において，ξ_k は，区間 $[a,b]$ を n 個に分割したときの，k 番目と $k+1$ 番目の間の点の位置 (x) 座標です．また，δ_k は n 個に分割した $[a,b]$ 間の 1 個の幅で，$\delta_k = x_{k+1} - x_k$ となります．

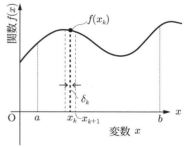

図 2.3 定積分の定義を説明する図

だから，δ_k の値は分割数 n が増えれば小さくなり，次の式で表されるように，n に逆比例します．

$$\delta_k \propto \frac{b-a}{n} \tag{2.37}$$

したがって，分割数 n が無限大に近づけると，δ_k の値は限りなく小さくなり 0 に近づきます．だから，分割数 n を大きくして δ_k の値を 0 に近づけていくと，I の値は極限の値に収束し，ある極限の値をもちます．この極限の値は図 2.3 に示す，関数 $f(x)$ と区間 $[a,b]$ を表す点線，および x 軸で囲まれた面積 S になります．

こうして式 (2.36) で表される極限値 I が存在するという条件が成立するとき，$f(x)$ は区間 $[a,b]$ で積分可能であるといわれます．極限値 I は区間 $[a,b]$ における，または a から b までの $f(x)$ の定積分とよばれます．そして，この定積分 I は次の式で表されます．

$$\int_a^b f(x)dx \tag{2.38}$$

この式 (2.38) において a は積分の下限または下端，b は上限または上端とよばれます．

関数 $f(x)$ が積分可能な領域においてある点 a を定め，もう 1 つの点 x が a より大きい値の任意の点だとして，定積分の値を F_a とすると，$F_a(x)$ は次のように書けます．

$$F_a(x) = \int_a^x f(t)dt \tag{2.39}$$

この式 (2.39) で定義される $F_a(x)$ 関数は積分関数とよばれます．

式 (2.39) において点 a を領域内のほかの点 $\overset{\circ}{a}$ に変えると，$F_a(x)$ は $F_{\overset{\circ}{a}}(x)$ に変わります．そして，$F_{\overset{\circ}{a}}(x)$ は $F_a(x) + C$ と書けるはずです．したがって，$F_{\overset{\circ}{a}}(x)$ は次のように書けます．

$$F_{\overset{\circ}{a}}(x) = \int_a^x f(t)dt + C \tag{2.40}$$

式 (2.40) で表される形の関数を総括的に考えると，積分範囲には任意性があるので，積分範囲を除いた次の式

$$\int f(x)dx \tag{2.41}$$

で表される積分は不定積分とよばれます．

そして，この不定積分を次のように

$$F(x) = \int f(x)dx \tag{2.42}$$

と表したとき，$F(x)$ は原始関数とよばれます．原始関数 $F(x)$ と関数 $f(x)$ の間の関係は，関数とその導関数の関係になり，次の関係式が成立します．

$$F'(x) = f(x) \tag{2.43}$$

したがって，定積分は原始関数 $F(x)$ を使って次のように表すことができます．

$$\int_a^b f(x)dx = F(b) - F(a) \tag{2.44}$$

この式 (2.44) は微分積分学の基本定理とよばれます．そして，連続関数 $f(x)$ の不定積分を求めることは，$f(x)$ を積分するといわれます．

2.3.2 基本的な関数の原始関数

　原始関数は関数の積分関数になっていますから，関数の積分を表す公式でもあると理解できます．事実，関数の原始関数の知識があると，積分の演算を容易に行うことができます．そこで，ここでは基本的な関数の原始関数を調べておきましょう．前項で示したように，式 (2.43) に従って原始関数 $F(x)$ を x で微分すると元の被積分関数 $f(x)$ が得られるので，この関係を使えば関数の原始関数が求まることがわかります．

　2.2.2 項において示したように，x^n の導関数は nx^{n-1} となるので，関数 $f(x) = nx^{n-1}$ を積分して得られる原始関数 $F(x)$ は x^n だとわかります．このことを念頭において関数 $f(x) = x^n$ の原始関数を求めてみましょう．

　まず，得られた原始関数 $F(x)$ が ax^b だったと仮定します．するとこの原始関数 $F(x)$ の導関数 $F'(x)$ は abx^{b-1} となります．そして，この導関数 abx^{b-1} は被積分関数 $f(x) = x^n$ に等しくなるはずなので，次の式が成り立ちます．

$$abx^{b-1} = x^n \tag{2.45}$$

　この式 (2.45) の等式が成立するためには，$ab = 1$, $b - 1 = n$ の関係が同時に成立する必要があります．この2つの式から，$b = n+1$, $a = 1/b = 1/(n+1)$ となるので，求める原始関数 $F(x)$ は $n \neq 1$ の条件で，次の式で表されることがわかります．

$$F(x) = \frac{1}{n+1} x^{n+1} \tag{2.46}$$

表 2.2 基本的な関数の原始関数

$f(x)$	$F(x) = \int f(x)dx$
$\dfrac{1}{x}$	$\log|x|$
$\dfrac{1}{x^2 + a^2}$	$\dfrac{1}{a} \tan^{-1} \dfrac{x}{a}$
$\dfrac{1}{\sqrt{a^2 - x^2}}$ $(a \neq 0)$	$\sin^{-1} \dfrac{x}{a}$
$\dfrac{1}{\sqrt{a^2 + x^2}}$ $(a \neq 0)$	$\log|x + \sqrt{x^2 + a}|$
$\sin kx$ $(k \neq 0)$	$-\dfrac{1}{k \cos kx}$
$\cos kx$ $(k \neq 0)$	$\dfrac{1}{k} \sin kx$
$\dfrac{1}{\cos 2kx}$ $(k \neq 0)$	$\dfrac{1}{k} \tan kx$
e^{kx} $(k \neq 0)$	$\dfrac{1}{k} e^{kx}$

　こうして，関数の原始関数は関数とその導関数の関係を使って求めることができると確かめられました．だから，ほかの基本的な関数の原始関数も既知の導関数を使って，同様な方法を用いて求めることができます．しかし，基本的な関数の原始関数はすでによく知られていますので，ここで苦労してわざわざ求めるまでもありません．原

始関数の知識は実際に演算を行う上で非常に重要ですので，x^n 以外の基本的な関数の原始関数をまとめて表 2.2 に示しておきます．

2.3.3 置換積分法と部分積分法

積分の計算は微分ほど簡単ではなく，基本的な関数の原始関数を熟知していても，計算が困難な問題は少なくありません．ここではそうした少し複雑な積分計算が比較的楽に行える道具である 2 つの積分法の，置換積分法と部分積分法を説明することにします．何度も記しますが，この置換積分法や部分積分法も微分方程式においてしばしば重宝に使用されます．

・**置換積分法**

この積分法では関数 $f(x)$ を積分するとき，変数 x を $x = \psi(t)$ と t の関数に置き換え，変数 x に関する積分を，新しい変数 t の積分に変更して計算する方法です．置換積分法の公式は次の式で表されます．

$$\int f(x)dx = \int f\{\psi(t)\}\psi'(t)dt \tag{2.47}$$

ただし，この置換積分法を使うに当たっては特定の条件があり，関数 $f(x)$ と $\psi(t)$ が次の条件を充たしている必要があります．

a. 関数 $f(x)$ は積分区間において連続であること，b. 関数 $\psi(t)$ は積分区間を含む領域において連続で，かつ微分可能で，$\psi(t)$ の導関数も連続であること．

置換積分法を使うことによって，普通に解くにはお手上げのような難問も，立ちどころに解くことができるようになります．その一例として，次の積分を考えることにします．

$$F(x) = \int \frac{(\ln x)^2}{x}dx \tag{2.48}$$

この式 (2.48) の積分では被積分関数 $f(x)$ は $f(x) = (\ln x)^2/x$ となります．置換積分法では変数 x を別の関数 $\psi(t)$ の形に書くので，ここでは $\ln x$ を次のようにおくことにします．

$$\ln x = t \tag{2.49}$$

この式 (2.49) を変形すると，$x = e^t$ となります．次に，この x を t で微分すると，表 2.1 に示した導関数の公式に従って，次の式が得られます．

$$\frac{dx}{dt} = e^t \tag{2.50}$$

この式 (2.50) を使うと，dx は形式的に $dx = e^t dt$ と書けます．

次に，式 (2.49) と式 (2.50) などを式 (2.48) に適用して置換積分を実行すると，$F(x)$ は次のように演算できます．

$$F(x) = \int \frac{t^2}{e^t} \cdot e^t dt$$
$$= \int t^2 dt = \frac{t^3}{3} = \frac{(\ln x)^3}{3} \tag{2.51}$$

以上のようにして，$F(x)$ は $(\ln x)^3/3$ と求まります．

・部分積分法

部分積分法では 2 つの関数 $f(x)$ と $g(x)$ を考えます．これらの 2 つの関数が考えている積分区間において，微分可能でこれらの導関数 $f'(x)$ と $g'(x)$ がこの区間で連続である必要がありますが，これらの条件の下で，次の部分積分法の公式が成立します．

$$\int f(x)g'(x)dx = f(x)g(x) - \int f'(x)g(x)dx \tag{2.52}$$

特に，$g(x) = x$ の場合には，次の式が成立します．

$$\int f(x)dx = xf(x) - \int xf'(x)dx \tag{2.53}$$

この積分法の場合も，これの使用によって，普通には不定積分を求めることが困難な難問を解くことができます．

例題で見てみましょう．いま，次の不定積分を実行せよという問題があるとします．

$$\int x^\alpha \ln x\, dx \qquad (\alpha \neq -1) \tag{2.54}$$

この問題も，部分積分法を知らなければ，手のつけようがなく，お手上げです．しかし，部分積分法を使えばこの難問も難なく解くことができます．ここでは，$f(x)$ と $g'(x)$ を次のようにおきます．

$$f(x) = \ln x, \quad g'(x) = x^\alpha \qquad (\alpha \neq -1) \tag{2.55}$$

$g(x)$ は α が -1 ではないという条件で，積分公式を使って積分可能です．$g(x)$ の原始関数は $g(x) = \{1/(\alpha+1)\}x^{\alpha+1}$ となるので，$f(x)$，$f'(x)$，$g(x)$，および $g'(x)$ を部分積分法の公式 (2.52) に代入すると，次の式のように演算できます．

$$\int x^\alpha \log x \, dx = \frac{1}{\alpha+1} x^{\alpha+1} \ln x - \int \frac{1}{x} \frac{1}{\alpha+1} x^{\alpha+1} dx$$
$$= \frac{1}{\alpha+1} x^{\alpha+1} \ln x - \frac{1}{\alpha+1} \int x^\alpha dx$$
$$= \frac{1}{\alpha+1} x^{\alpha+1} \ln x - \frac{1}{\alpha+1} \frac{1}{\alpha+1} x^{\alpha+1}$$
$$= \frac{1}{\alpha+1} x^{\alpha+1} \left[\ln x - \frac{1}{\alpha+1} \right] \tag{2.56}$$

こうして難問の不定積分も目出度く解答が得られました．この部分積分法では，2つの関数 $f(x)$ と $g'(x)$ をどのように選ぶ（決める）かが，重要になります．これらの関数を巧く選ぶことができれば積分可能な問題も，下手な選び方をすると，部分積分の実行が困難になってしまうからです．2つの関数をうまく選ぶ技術は，部分積分が適用できる多くの問題を解くことによって磨くことができます．

演 習 問 題

2.1 $z = (-\frac{1}{2} - i\sqrt{3}/2)^3$ を計算し，計算の結果得られた値が実数になることを示せ．

2.2 $\sqrt{7+24i}$ を根号のない形で表せ．

2.3 次の関数について微分可能であるかどうかを吟味し，微分可能ならば微分してその値を求めよ．
$$f(x) = \begin{cases} x \sin \dfrac{1}{x} & (x \neq 0 \text{ のとき}) \\ 0 & (x = 0 \text{ のとき}) \end{cases}$$

2.4 次の各問の積分を計算せよ．
(1) x^2 を2から1まで定積分して値を求めよ．
(2) e^x を1から0まで定積分せよ．
(3) 次の不定積分を実行せよ．$\int 1/(e^x + e^{-x}) dx$

2.5 次の積分に部分積分法を適用して演算せよ．
$$\int e^{\alpha x} x \, dx \qquad (\alpha \neq 0)$$

Chapter 3

関数の展開式と近似計算法

　この章の話題の中心はテイラー（Taylor）級数ですが，これは関数を展開した級数になっているので，最初に級数について簡単に触れます．続いてこの公式がなければ微分学の活用範囲がもう少し狭くなっていたであろう，といわれるほど重要なテイラーの公式をとりあげます．この公式からテイラー級数が生まれたからです．そしてテイラー級数を使って関数を展開することによって，関数の微分や積分が容易に実行できる恩恵を示します．また，ある条件の下でマクローリン（Maclaurin）級数とよばれる，テイラー級数の条件にも触れます．このあと級数を使うと関数の近似式が作れること，および近似計算が数値解の得られにくい数式において，計り知れないほどの威力を発揮していることを示します．最後に，階乗の近似式のスターリングの公式についても簡単に説明します．

3.1 関数の展開式

3.1.1 級数について

小数点をもつ数字は級数で表せる？！

　小数点をもつ数には小学生のときから馴染んでいますが，実は，小数点をもつ数字は級数を使っても表すことができます．例えば，522.345 という数字があったとします．この数字は，次の式を見れば容易にわかるように，数の列の和に分解できます．

$$522.345 = 500 + 20 + 2 + 0.3 + 0.04 + 0.005$$
$$= 5 \times 10^2 + 2 \times 10^1 + 2 \times 10^0 + 3 \times 10^{-1} + 4 \times 10^{-2} + 5 \times 10^{-3} \tag{3.1}$$

こうした数の列の和は，次に説明するように，級数とよばれます．

・**級数**

　級数は a_1, a_2, a_3, a_4, a_5 のような数の列，つまり数列 $[a_n]$ を，次のように第 1 番目から第 n 番目まで加えたものです．

$$a_1 + a_2 + a_3 + a_4 + a_5 + \cdots + a_n \tag{3.2}$$

この和を s_n で表すと s_n は,次のように和の記号を使っても表されます.

$$s_n = \sum_{k=1}^{n} a_k \quad \left(\text{または} \sum a_n\right) \tag{3.3}$$

もしも,s_n の n を無限大にしたときの極限,つまり $\lim_{n\to\infty} s_n$ が一定の値に収まる,すなわち,収束するならば,式 (3.3) で表される級数 s_n は収束するといわれます.そして,$\lim_{n\to\infty} s_n$ が収束しないときには,この級数 s_n は発散するといわれます.

次に,級数には次のような定理があります.

① α と β を任意の定数とした,次のような級数 $\sum a_n$ と $\sum b_n$ があるとき,これらの級数が収束するならば,次の式が成立します.

$$\sum(\alpha a_n + \beta b_n) = \alpha \sum a_n + \beta \sum b_n \tag{3.4}$$

② 級数 $\sum a_n$ が収束するための必要にして十分な条件は次のように表されます.すなわち,任意の正数 ε を仮定し,この ε に対して n_0 を適当な数にとったとき,$n_0 < n < n+p$ を充たす n と $n+p$ に対して,次の条件式が成立することです.

$$|a_{n+1} + \cdots + a_{n+p}| < \varepsilon \tag{3.5}$$

③ $\sum a_n$ が収束するときには,$\lim_{n\to\infty} a_n = 0$ が充たされます.

④ $a \neq 0$ のとき等比級数 $\sum_{n=1}^{\infty} ar^{n-1}$ が収束するための必要で十分な条件は $|r| < 1$ であり,このとき等比級数の和は次の式で表される.

$$\sum_{n=1}^{\infty} ar^{n-1} = \frac{a}{1-r} \tag{3.6}$$

⑤ 級数 $\sum (-1)^{n-1} a_n$ は,a_n が $a_n > 0$,$a_n \geq a_{n+1}$ で,$\lim a_n = 0$ が成り立つとき収束します.

⑥ $a_n \geq 0$ であるとき,級数 $\sum a_n$ は正項級数とよばれますが,正項級数においては $\lim_{n\to\infty} a_{n+1}/a_n = r$ となる場合には,$r < 1$ の条件で $\sum a_n$ は収束し,$r > 1$ のとき発散します.

また,級数においては,$c_0, c_1, c_2, \ldots$ が定数であるとき,次の式

3.1 関数の展開式

$$c_0 + c_1 x + c_2 x^2 + \cdots + c_n x^n + \cdots \tag{3.7}$$

で表される，変数が x の級数はべき級数とよばれます．もしもこのべき級数が $x = \xi$ のとき収束するならば，$|x| < |\xi|$ のすべての x の値に対して，このべき級数は収束します．

・関数の展開式

べき級数に対しては加減乗除の計算はもちろんのこと，微分や積分を実行することも比較的容易です．すなわち，そのままの形では微分や積分を実行することが困難な数式（の形）をした関数も多いのですが，こうした関数の微分積分計算も，この関数がべき級数に展開することができれば，容易に演算できるようになります．

さらには，べき級数を使えば関数の合成などの操作も自由に行えます．だから，与えられた関数をべき級数の形で表すことは非常に重要なことです．それに，すべての級数は収束する領域の内部では無限回微分することが可能です．

また，関数 $f(x)$ が次の式

$$f(x) = a_0 + a_1(x-a) + a_2(x-a)^2 + \cdots + a_n(x-a)^n + \cdots \tag{3.8}$$

に示すように，a を中心とする $(x-a)$ のべき級数で表される場合には，関数 $f(x)$ は a において展開可能であるといわれ，このべき級数は $f(x)$ の展開式とよばれます．次に説明するテイラー級数を使った関数の展開式は関数の代表的な展開式になっています．

3.1.2 テイラーの公式

テイラー級数は関数を級数に展開する非常に有益で重要な級数ですが，この級数の誕生には元になった式があります．それがここで説明するテイラー (Taylor) の公式です．テイラーの公式は次のようになっています．すなわち，ある区間で定義される関数 $f(x)$ を想定します．そして，この関数 $f(x)$ は何回でも微分が可能，つまり，第 1 階から第 n 階まで微分可能とします．だから，この関数 $f(x)$ には 1 階から n 階までの導関数，$f^{(1)}(x), f^{(2)}(x), \ldots, f^{(n-1)}(x), f^{(n)}(x)$ が存在します．

テイラーの公式では，以上のような関数 $f(x)$ が，a を定点とし x を任意の点として，次の式で展開できるとされます．

$$f(x) = f(a) + (x-a)\frac{1}{1!}f^{(1)}(a) + (x-a)^2\frac{1}{2!}f^{(2)}(a) + \cdots$$
$$+ (x-a)^{n-1}\frac{1}{(n-1)!}f^{(n-1)}(a) + (x-a)^n\frac{1}{n!}f^{(n)}(\xi) \quad (3.9)$$

ただし，$\xi = a + \theta(x-a)$, $0 < \theta < 1$ すなわち，ξ は a と x の中間のある値です．

テイラーの公式においては最後の項を R_n とすると，R_n は次の式

$$R_n = (x-a)^n \frac{f^{(n)}(\xi)}{n!} \quad (3.10)$$

で表され，剰余項とよばれます．この剰余項はしばしばラグランジュ（Lagrange）の剰余とよばれます．

関数を展開した式を級数としてみると，展開式が収束するかどうかは重要なことですが，テイラーの公式は収束するでしょうか？テイラーの公式には最後の項があるので，この剰余項が $n \to$ 無限大の条件でゼロに収束するならば，テイラーの公式は級数になり収束します．だから，この問題ではラグランジュの剰余が重要になります．

そこで，式 (3.10) で表されるラグランジュの剰余 R_n の妥当性を調べてみましょう．ここでは次の式 $F(x)$ を考えることにします．

$$F(x) = f(x) - \left\{ f(a) + (x-a)\frac{1}{1!}f^{(1)}(a) + \cdots \right.$$
$$\left. + (x-a)^{(n-1)}\frac{1}{(n-1)!}f^{(n-1)}(a) \right\} \quad (3.11)$$

この式 (3.11) を式 (3.9) のように書き直すと，$F(x)$ は R_n に対応します．だから，もしもこの式を計算して求めた $F(x)$ の値が式 (3.10) の右辺と等しくなれば，式 (3.11) の妥当性が証明できたことになります．

では始めましょう．式 (3.11) を使うと $F(a) = 0$, $F^{(1)}(a) = 0$（ここでは $F'(a)$ を $F^{(1)}(a)$ と表示することにします）となることがわかります．$F(a) = 0$ の関係は式 (3.11) に $x = a$ を代入すれば直ちにわかります．また，$F^{(1)}(a) = 0$ については，$F^{(1)}(x)$ が次のようになることからわかります．

$$F^{(1)}(x) = f^{(1)}(x) - \left\{ 0 + f^{(1)}(a) + (x-a)\frac{1}{1!}f^{(2)}(a) + \cdots \right.$$
$$\left. + (x-a)^{(n-2)}\frac{1}{(n-2)!}f^{(n-1)}(a) \right\} \quad (3.12)$$

この式 (3.12) において，$x = a$ とおくと $F^{(1)}(a)$ は 0（ゼロ）になります．同様にして，$F^{(2)}(a), F^{(3)}(a), \ldots, F^{(n-1)}(a)$ もゼロになります．また，$F(x)$ の n 階微分 $F^{(n)}(x)$ は式 (3.11) の { } の中のすべての項がゼロになるので，$f(x)$ の n 階微分と等しくなり $F^{(n)}(x) = f^{(n)}(x)$ の関係が成り立ちます．

次に，別の関数 $G(x) = (x-a)^n$ を導入し，[補足 3.1] に説明したコーシー（Cauchy）の定理を関数 $F(x)$ と $G(x)$ の関係に適用すると，$F(a) = 0, G(a) = 0$ の関係が成り立つので，次の式が成り立ちます．

$$\frac{F(x) - F(a)}{G(x) - G(a)} = \frac{F(x)}{(x-a)^n} = \frac{F^{(1)}(x_1)}{n(x_1 - a)^{n-1}} \tag{3.13}$$

ここで，x_1 は a と x との中間のある値です．同様にして，$F^{(1)}(a) = 0, G^{(1)}(a) = 0$ だから，次の式が成り立ちます．

$$\frac{F^{(1)}(x_1)}{n(x_1 - a)^{n-1}} = \frac{F^{(2)}(x_2)}{n(n-1)(x_2 - a)^{n-2}} \tag{3.14}$$

ここで，x_2 は a と x_1 の中間のある値です．だから，x_2 は当然 a と x との間の値です．

この関係は右辺に $f^{(n)}(x)$ が出てくるまで続くので，先に示した $F^{(n)}(x) = f^{(n)}(x)$ の関係が成り立つことを考えると，結局，式 (3.13) と式 (3.14) より，ξ を使って次の関係式が成り立ちます．

$$\frac{F(x)}{(x-a)^n} = \frac{F^{(n)}(\xi)}{n!} = \frac{f^{(n)}(\xi)}{n!} \tag{3.15}$$

この式 (3.15) を変形すると，$F(x)$ は

$$F(x) = (x-a)^n \frac{f^{(n)}(\xi)}{n!} \tag{3.16}$$

となり，$F(x)$ は R_n と等しくなります．したがって，式 (3.9) の妥当性が証明されました．

なお，テイラーの公式において展開項を，剰余項を含めて 1 階微分までとすると，次の式が成り立ちます．

$$f(x) = f(a) + (x-a)f^{(1)}(\xi) \tag{3.17}$$

この式 (3.17) を変形して $f^{(1)}(\xi)$ を求めると，$f^{(1)}(\xi)$ は次のように表されます．

◆ 補足 3.1　コーシー（Cauchy）の定理

コーシーの定理にはあとで複素関数の章で出てくる，コーシーの積分定理もありますが，ここで説明するコーシーの定理は導関数に関するものです．

いま，区間 $[a,b]$ において関数 $f(x)$ と $g(x)$ がともに連続関数で，微分可能であるとすると，コーシーの定理では，次の 2 つの式

$$\frac{f(a)-f(b)}{g(a)-g(b)} = \frac{f^{(1)}(\xi)}{g^{(1)}(\xi)}, \quad a < \xi < b \tag{S3.1}$$

を充たすある点 ξ が (a,b) 区間内に必ず存在する，となります．

$$f^{(1)}(\xi) = \frac{f(x)-f(a)}{x-a}, \quad \xi = a+\theta(x-a), \quad 0 < \theta < 1 \tag{3.18}$$

この式 (3.18) は平均値の定理とよばれるもので，$f^{(1)}(\xi)$ は x と a との間の値の ξ における関数 $f(x)$ の傾きを表しています．以上のことから，テイラーの公式は平均値の定理を拡張したものであるとも考えられるのです．平均値の定理は高校でも学ぶ定理ですから，このように考えると，テイラーの公式にも親しみを覚えるのではないでしょうか．

3.1.3　テイラー級数とマクローリン級数

式 (3.9) に示したテイラーの公式において剰余項 R_n が，次の式

$$\lim_{n\to\infty} R_n = 0 \tag{3.19}$$

で示すように，ゼロに収束するという条件の下で，式 (3.9) の最後の剰余項を除いた展開式は，収束する無限級数になります．この無限級数を $f(x)$ とすると，$f(x)$ は次の式

$$\begin{aligned} f(x) = &f(a) + (x-a)\frac{1}{1!}f^{(1)}(a) + (x-a)^2\frac{1}{2!}f^{(2)}(a) \\ &+ (x-a)^3\frac{1}{3!}f^{(3)}(a)\cdots \end{aligned} \tag{3.20a}$$

で表されますが，この式がテイラー（Taylor）級数とよばれるものです．この式 (3.20a) において $x-a=h$ とおくと，この式 (3.20a) は次のように書けます．

$$f(x) = f(a) + \frac{1}{1!}f^{(1)}(a)h + \frac{1}{2!}f^{(2)}(a)h^2 + \frac{1}{3!}f^{(3)}(a)h^3 + \cdots \tag{3.20b}$$

この式 (3.20b) では $x = a+h$ となりますが，この式もテイラー級数の式としてよく使われます．

式 (3.20a) で表されるテイラー級数では，この式において $a=0$ とおいた次の式

$$f(x) = f(0) + \frac{1}{1!}f^{(1)}(0)x + \frac{1}{2!}f^{(2)}(0)x^2 + \frac{1}{3!}f^{(3)}(0)x^3 + \cdots \tag{3.21}$$

もよく使われます．そして，この $a=0$ とおいた式 (3.21) は，テイラーとは独立にこの級数を発見したマクローリン（Maclaurin）に因んで，特別にマクローリン級数とよばれています．

・いくつかの基本式を展開したマクローリン級数

ここではテイラー展開して求めたいくつかの基本式のマクローリン級数を示しておくことにします．これらの級数は以下のようになっています．

$$e^x = 1 + \frac{x}{1!} + \frac{x^2}{2!} + \frac{x^3}{3!} + \cdots \tag{3.22a}$$

$$a^x = 1 + \frac{x \log a}{1!} + \frac{x^2 (\log a)^2}{2!} + \frac{x^3 (\log a)^3}{3!} + \cdots \quad (a > 0) \tag{3.22b}$$

$$\cos x = 1 - \frac{x^2}{2!} + \frac{x^4}{4!} - \frac{x^6}{6!} + \cdots \tag{3.22c}$$

$$\sin x = \frac{x}{1!} - \frac{x^3}{3!} + \frac{x^5}{5!} - \frac{x^7}{7!} + \cdots \tag{3.22d}$$

$$\cosh x = 1 + \frac{x^2}{2!} + \frac{x^4}{4!} + \frac{x^6}{6!} + \cdots \tag{3.22e}$$

$$\sinh x = \frac{x}{1!} + \frac{x^3}{3!} + \frac{x^5}{5!} + \frac{x^7}{7!} + \cdots \tag{3.22f}$$

$$\log_e(1+x) = \frac{x}{1} - \frac{x^2}{2} + \frac{x^3}{3} - \frac{x^4}{4} + \cdots \quad (-1 < x \leq 1) \tag{3.22g}$$

なお，ここで示した $\cosh x$ と $\sinh x$ は双曲線関数で $\cosh x$ は双曲線余弦，$\sinh x$ は双曲線正弦とよばれ，それぞれ次の式で表されます．

$$\cosh x = \frac{e^x + e^{-x}}{2}, \quad \sinh x = \frac{e^x - e^{-x}}{2} \tag{3.23}$$

・難しそうな定積分にマクローリン級数を適用して演算する

テイラー級数を使うことによって，普通では難しい積分演算も可能になると説明してきたので，ここで定積分の計算の 1 つの例にマクローリン級数を実際に適用して，その有用性を確かめておくことにします．

いま，次の定積分の値を求める問題があるとしましょう．

$$\int_{0.1}^{1} x e^x dx \tag{3.24}$$

この定積分の計算は，ちょっと見たところでは，2章の表2.2に示した原始関数を単純に使ったのでは計算できそうにないので難しそうです．

そこで，この演算にマクローリン級数を適用してみましょう．まず，式(3.24)の被積分関数を $f(x)$ とおいて，次の関係式を作ります．

$$f(x) = xe^x \tag{3.25a}$$

この関数 $f(x)$ に，式(3.22a)に示した指数関数 e^x をマクローリン級数に展開した式を適用すると，$f(x)$ は次のようになります．

$$f(x) = x + x^2 + \frac{1}{2}x^3 + \frac{1}{6}x^4 + \frac{1}{24}x^5 + \frac{1}{120}x^6 + \cdots \tag{3.25b}$$

この $f(x)$ の原始関数を $F(x)$ とすると，この式(3.25b)を（不定）積分して，簡単に次の式が得られます．

$$F(x) = \frac{1}{2}x^2 + \frac{1}{3}x^3 + \frac{1}{8}x^4 + \frac{1}{30}x^5 + \frac{1}{144}x^6 + \frac{1}{840}x^7 + \cdots \tag{3.25c}$$

この原始関数 $F(x)$ を使うと式(3.24)の定積分は，次のようになります．

$$\int_{0.1}^{1} xe^x dx = \left[\frac{1}{2}x^2 + \frac{1}{3}x^3 + \frac{1}{8}x^4 + \frac{1}{30}x^5 + \frac{1}{144}x^6 + \frac{1}{840}x^7 + \cdots\right]_{0.1}^{1} \tag{3.26a}$$

この式(3.26a)の右辺を前から4項目まで計算すると，次のように演算できます．

$$\begin{aligned}
式(3.26a)の右辺 &= \frac{1}{2}(1 - 0.01) + \frac{1}{3}(1 - 0.001) + \frac{1}{8}(1 - 0.0001) \\
&\quad + \frac{1}{30}(1 - 0.00001) \\
&= 0.495 + 0.333 + 0.1249875 + 0.033333 = 0.9863205
\end{aligned} \tag{3.26b}$$

こうして積分値は得られたのですが，この値が正しいかどうかチェックしてみましょう．実は，式(3.24)の定積分は部分積分法を使えば，次のようにして計算できます．

$$\begin{aligned}
\int_{0.1}^{1} xe^x dx &= [xe^x]_{0.1}^{1} - \int_{0.1}^{1} e^x dx = [xe^x]_{0.1}^{1} - [e^x]_{0.1}^{1} = e - 0.1e^{0.1} - e + e^{0.1} \\
&= 0.9e^{0.1} = 0.9 \times 1.105170918 = 0.994653826
\end{aligned} \tag{3.27}$$

式 (3.26b) に示す値は，xe^x の積分値の厳密な値を示す式 (3.27) にかなり近い値をしています．だから，マクローリン級数を使って求めた定積分の値は，正しい値の真値に近い値になっていることがわかります．しかし，値が少し小さいことがわかります．これは定積分の計算において前から4項までしか使わなかったからで，使う項数を増やしていけば計算値は真値に限りなく近づくと考えられます．事実，第5項目を計算すると，この値は 0.0069444 となるので，これを上記の値 0.9863205 に加えると 0.9932649 となって，真値にかなり近づいた値になることがわかります．

・マクローリン級数の複素数および三角関数への応用

テイラーの公式は複素数にも実数に対してと同じように適用できますので，ここでは複素数の指数関数 $e^{i\theta}$ へのマクローリン級数の適用を考えてみましょう．e^x のマクローリン級数は式 (3.22a) に示したので，この式で $x = i\theta$ とおくと，次の式が得られます．

$$e^{i\theta} = 1 + \frac{i\theta}{1!} + \frac{(i\theta)^2}{2!} + \frac{(i\theta)^3}{3!} + \frac{(i\theta)^4}{4!} + \frac{(i\theta)^5}{5!} + \frac{(i\theta)^6}{6!} + \cdots \tag{3.28a}$$

$$= 1 - \frac{1}{2!}\theta^2 + \frac{1}{4!}\theta^4 - \frac{1}{6!}\theta^6 + \cdots + i\left(\frac{1}{1!}\theta - \frac{1}{3!}\theta^3 + \frac{1}{5!}\theta^5 + \cdots\right) \tag{3.28b}$$

この式 (3.28b) をみると，実数項は $\cos\theta$ の，虚数項は $\sin\theta$ のそれぞれマクローリン級数になっています．ですから，この式 (3.28b) は次の式

$$e^{i\theta} = \cos\theta + i\sin\theta \tag{3.29}$$

で書くことができますが，この式は序章でも説明したオイラーの公式になっています．つまり，複素数の指数関数 e^{ix} にマクローリン級数を適用すれば，オイラーの公式が導けるというわけです．

次に，この式 (3.29) において $\theta = \theta_1 + \theta_2$ とおくと，左辺は次のように演算できます．

$$e^{i\theta} = e^{i(\theta_1+\theta_2)} = e^{i\theta_1}e^{i\theta_2} = (\cos\theta_1 + i\sin\theta_1)(\cos\theta_2 + i\sin\theta_2)$$

$$= \cos\theta_1\cos\theta_2 - \sin\theta_1\sin\theta_2 + i(\sin\theta_1\cos\theta_2 + \cos\theta_1\sin\theta_2) \tag{3.30}$$

したがって，式 (3.29) と式 (3.30) を使って右辺同士が等しいとして，両辺の実数項同士と虚数項同士が等しいとおくと，序章の 0.1 節に示したように，三角関数の加法定理を導くことができます．

3.2 近似計算

3.2.1 近似理論と近似計算について

　近似理論は複雑な計算式を簡単な式に置き換える一種の数学的な操作です．つまり，この理論は近似計算を行う方法に関する理論です．近似理論には少し高度な数式を用いるものも多数ありますが，ここでは関数の展開式を用いた近似式，それもテイラー展開によって作られる級数を用いた近似式を中心に，応用例も含めて説明することにします．

　もう1つよく使われる近似式にスターリング（Stirling）の公式がありますので，これについても簡単に説明します．スターリングの公式も級数と無関係ではなく，オイラー–マクローリンの公式とかオイラーの和公式とよばれている公式から導かれる近似式です．スターリングの公式については式の詳しい導出は省いて，公式のやさしい説明と公式の妥当性の説明に限ることにします．

・**近似式を使う上での注意事項**

　近似式は便利な道具ですが，単なる道具とだけ単純に考えて，使用上の条件を考慮しないで近似式を使うと，実用的な計算を行うときなどに，重大な失敗を招くこともあるので要注意です．その意味からも，近似式が導かれた理論的な根拠にも精通していることが大切です．こうした理由から近似式と近似理論の関係の知識は応用の立場からも重要です．

　スターリングの公式の場合にその例を示しますが，この近似式の公式には複数の近似式が存在します．だから，スターリングの公式（近似式）を使うときは近似式の使い分けをしなければ，期待通りの近似解が得られない場合もあります．これらのことをよく承知した上で近似式を使うのが，近似式の上手な使い方ということになります．

3.2.2 よく使われる近似計算とそのご利益

　8.4 の立方根 $\sqrt[3]{}$ はいくらになりますか？と（近似計算を知らない人に）尋ねると即答できる人はほとんどいないでしょう．そればかりか，紙に書いて計算してもよいから答えてください，といわれても頭を抱えてしまう人も多いのでは？

しかし，近似計算の公式を知っている人にとっては，これは難問でもなんでもありません．ちょっと工夫して近似計算をすれば，この問いには比較的簡単に答えられます．

この近似計算では，まず，8.4 を 8 + 0.4 と書き，8 (1 + 0.05) と書き直したあとこれの立方根をとります．すると，まず $\sqrt[3]{8(1+0.05)} = 2(1+0.05)^{1/3}$ と計算できます．次に，$(1+0.05)^{1/3}$ を近似計算すると $1 + (1/3) \times 0.05 = 1.01666$ となります．だから答えは，これに 2 を掛けて 2.03333 と求まります．

関数電卓を使って 8.4 の平方根の値を正確に計算すると 2.0327927... となるので，小数点以下 3 桁以降がわずかに異なりますが，かなりよい答えだとわかります．少なくとも実用的には十分使用に堪える計算結果です．もしも，さらに精度の高い計算結果が欲しければ，$(1+0.05)^{1/3}$ を $1 + (1/3) \times 0.05 - (1/9) \times 0.05^2$ として計算すれば，答えは 2.032777... となり，計算の精度を上げることができます．

ここで，使った近似式は次の 2 つの式です．

$$(1+x)^{\frac{1}{3}} \fallingdotseq 1 + \frac{1}{3}x \tag{3.31a}$$

$$(1+x)^{\frac{1}{3}} \fallingdotseq 1 + \frac{1}{3}x - \frac{1}{9}x^2 \tag{3.31b}$$

これらの式に使った式を一般式にして，べき乗の 1/3 を m とし，関数を $f(x)$ とすれば，$f(x)$ は次の式で表されます．

$$f(x) = (1+x)^m \tag{3.32a}$$

この式 (3.32a) をマクローリン展開することにして，1 階，2 階，および 3 階微分の $f^{(1)}(x)$，$f^{(2)}(x)$，および $f^{(3)}(x)$ を求めておくと，次のようになります．

$$f^{(1)}(x) = m(1+x)^{m-1}, \quad f^{(2)}(x) = m(m-1)(1+x)^{m-2},$$
$$f^{(3)}(x) = m(m-1)(m-2)(1+x)^{m-3} \tag{3.32b}$$

したがって，$(1+x)^m$ のマクローリン級数は，この式 (3.32b) の n 次微分 $f^{(n)}(x)$ には $f^{(n)}(0)$ を使えばよいので，次の式で表されます．

$$(1+x)^m = 1 + mx + m(m-1)\frac{1}{2!}x^2 + m(m-1)(m-2)\frac{1}{3!}x^3 + \cdots \tag{3.32c}$$

この式 (3.32c) において，$m = 1/3$ とおき，第 2 項までとれば式 (3.31a) が得

られ，第3項までとれば式 (3.31b) が得られます．また，$m = \frac{1}{2}$, $m = -\frac{1}{2}$ および $m = -1$ とおいて第2項までとれば，簡単な計算でよく使われる次の3個の近似式が得られます．

$$(1+x)^{\frac{1}{2}} \fallingdotseq 1 + \frac{1}{2}x \tag{3.33a}$$

$$(1+x)^{-\frac{1}{2}} \fallingdotseq 1 - \frac{1}{2}x \tag{3.33b}$$

$$\frac{1}{1+x} \fallingdotseq 1 - x \tag{3.33c}$$

なお，最後の式 (3.33c) において x を $-x$ に置き換えると，次の近似式が得られます．

$$\frac{1}{1-x} \fallingdotseq 1 + x \tag{3.33d}$$

このほかによく見かける近似式に，次のものがあります．

$$\sin\theta \fallingdotseq \theta, \quad \cos\theta \fallingdotseq 1, \quad \tan\theta \fallingdotseq \theta \tag{3.33e}$$

$$e^x \fallingdotseq 1 + x, \quad e^{-x} \fallingdotseq 1 - x \tag{3.33f}$$

$$\log_e(1+x) = x \quad \text{または} \quad \ln(1+x) = x \tag{3.33g}$$

これらの式も，式 (3.22a)，式 (3.22c) および式 (3.22d) に示した，これらのマクローリン級数を見ればわかるように，マクローリン級数の前から第2項目まで，または第1項までをとって近似式にしているのです．これらの式を使う場合には注意すべき事柄があります．

それは，x（または θ）の値が1に比べて十分小さいこと（1/10以下が1つの目安）が条件だということです．もしも，x の値が1より十分小さくなければ，近似式の精度はかなり悪いものになります．例えば，式 (3.33a) の近似式にしても，x の値が0.8であれば，この式に従って計算した値は $1 + 0.5 \times 0.8 = 1.4$ となり，正確な値 $1.8^{1/2} = 1.34$ とはかなりの差が出てきます．x の値が十分小さくないときに高い近似値を得たいときには，マクローリン級数において，前から第3項とか第4項までと項数を増やす必要があります．

以上に紹介した例でも見られるように，マクローリン級数（またはテイラー級数）は近似計算に重宝に使われて，非常に有益な働きをしています．もしもこれらの近似式が使えなかったとしたら，ちょっと面倒な数式の数値化にも，詳しい数学の知識や多大な労力が必要であったことだろうと思われます．

3.2.3 無理数とネイピア数の近似計算

・$\sqrt{2}$ の近似値を求める

まず，関数 $f(x)$ を $f(x) = \sqrt{x}$ とします．次に，$x = a+h$ とおき，a を $a = 1.96$，$x = 2$ として，$f(x)$ をテイラー級数展開すると，$f(2) = 2^{1/2}$ は次のように級数展開できます．

$$f(2) = 2^{\frac{1}{2}} = f(1.96) + \frac{1}{1!}f^{(1)}(1.96) \cdot h + \frac{1}{2!}f^{(2)}(1.96) \cdot h^2$$
$$+ \frac{1}{3!}f^{(3)}(1.96) \cdot h^3 + \cdots \tag{3.34}$$

そして，$\sqrt{x}$ の n 階の導関数は $f^{(1)}(x) = (1/2)x^{-1/2}$，$f^{(2)}(x) = -(1/4)x^{-3/2}$，$f^{(3)}(x) = (3/8)x^{-5/2}$ となり，h を $h = 0.04$ とおくと $\sqrt{1.96} = 1.4$ となるので，式 (3.34) は次のように書けます．

$$2^{\frac{1}{2}} = 1.4 + \frac{1}{2}\frac{1}{1.4} \times 0.04 - \frac{1}{2}\frac{1}{4}\left(\frac{1}{1.4}\right)^3 \times 0.04^2$$
$$+ \frac{1}{6}\frac{3}{8}\left(\frac{1}{1.4}\right)^5 \times 0.04^3 + \cdots$$
$$= 1.4 + 0.014285714 - 0.000072886 + 0.000000744 + \cdots$$
$$= 1.414213572 + \cdots \tag{3.35}$$

以上の計算で近似値として 1.414213572 と求まりましたが，この数字が近似値として何桁まで保証されるのかをチェックしてみましょう．

それには，テイラー展開のラグランジュの剰余 R_n を調べればいいのです．この項 R_n は次の式 (3.10)

$$R_n = \frac{(x-a)^n f^{(n)}(\xi)}{n!} \tag{3.10}$$

で表されますが，いまの場合，$a = 1.96$，$x - a = h = 0.04$ ですので，$\xi = a + (x-a)\theta = 1.96 + 0.04\theta$ となります．そして，θ は $0 < \theta < 1$ ですので，R_n の値の範囲は θ に 0 と 1 を代入し，$n = 4$ として，次のようになります．

$$0.04^4 \times \frac{f^{(4)}(1.96)}{24} < R_4 < 0.04^4 \times \frac{f^{(4)}(2)}{24} \tag{3.36}$$

$f^{(4)}(x)$，つまり $\sqrt{x}$ の 4 階微分は $(-15/16)x^{-7/2}$ となります．だから式 (3.36) の $f^{(4)}(1.96)$ は $(-15/16) \times 1.96^{-3.5}$，$f^{(4)}(2)$ は $(-15/16) \times 2^{-3.5}$ となり，これ

らの値を電卓で計算すると，それぞれ $-8.8935474 \times 10^{-2}$ と $-8.2864076 \times 10^{-2}$ になります．

すると，$R_{\min}$ は $-0.04^4 \times 0.088935474/24 = -9.52 \times 10^{-9}$，$R_{\max}$ は $-0.04^4 \times 0.082864076/24 = -8.87 \times 10^{-9}$ となります．この $R_{\min}$ と $R_{\max}$ を式 (3.35) の近似値 1.414213572 にそれぞれ加えると，1.4142135625 と 1.4142135631 になります．だから，1.41421356 までが近似値として保証されることになります．正確な $\sqrt{2}$ の値を関数電卓で計算すると 1.414213562 となるので，確かに計算結果は正しく小数点以下 8 桁までは正しいことがわかります．

・ネイピア数 e の値を求める

自然対数の底の e はネイピア数とよばれますが，この値の近似値を近似計算で求めてみましょう．ここでも $f(x) = e^x$ とおいて，$x = a + h$ の a をゼロ $(a = 0)$，$h = 1$ とおくことにします．また，$\xi = a + (x - a)\theta = \theta$，$0 < \theta < 1$ だから，第 9 階微分の項を剰余項とすると $x = 1$ となるので，剰余項を含めて e^x は次のように書けます．

$$\begin{aligned}f(1) =e &= f(0) + \frac{1}{1!}f^{(1)}(0) + \frac{1}{2!}f^{(2)}(0) + \frac{1}{3!}f^{(3)}(0) \\ &+ \frac{1}{4!}f^{(4)}(0) + \frac{1}{5!}f^{(5)}(0) + \frac{1}{6!}f^{(6)}(0) + \frac{1}{7!}f^{(7)}(0) \\ &+ \frac{1}{8!}f^{(8)}(0) + \frac{1}{9!}f^{(9)}(\theta) \quad\quad\quad\quad\quad (3.37a)\end{aligned}$$

$$\begin{aligned}=& 1 + 1 + \frac{1}{2} + \frac{1}{6} + \frac{1}{24} + \frac{1}{120} + \frac{1}{720} + \frac{1}{5040} + \frac{1}{40320} \\ &+ \frac{1}{362880}e^\theta = 2.718278770 + 0.000002756 \times e^\theta \quad (3.37b)\end{aligned}$$

ここで，e^θ の値は θ が 0 と 1 の間の値ですから，$1 < e^\theta < e$ となりますが e は 3 より小さいので，これを $1 < e^\theta < 3$ とおくことにします．すると，式 (3.37b) の値は，この式において $e^\theta = 1$ とした場合より大きく，$e^\theta = 3$ とした場合より小さいことがわかります．したがって，得られた近似値は $2.718278770 + 0.000002756 = 2.718281526$ より大きく，$2.718278770 + 0.000008268 = 2.718287038$ より小さいことがわかります．e の近似値として保証される値は 2.71828 となります．関数電卓で計算すると正しい値は 2.718281828 となるので，確かにそのようになっています．そして，前から 6 桁までは正確な値であることがわかります．

なお，$\sqrt{2}$ の計算では 3 階微分の項までの計算で 9 桁の有効数字が得られたの

に，ネイピア数 e の計算では，8階微分の項までも計算して，なお 6 桁の有効数字しか得られなかった原因は，$\sqrt{2}$ の計算では h として 0.04 を使い，e の計算では 1 を使ったためです．h の値は小さいほど級数は早く収束しますので，近似計算では h の値はできるだけ小さくとるのが有利であることがわかります．しかし，ネイピア数 e の近似値の計算では e の値を不明として演算しているので，h の値を簡単に小さくできない事情があったわけです．

3.2.4 スターリングの公式

数の階乗の値，すなわち $n!$ の見積もりは n が大きい数字になると計算が大変複雑になります．だから，n の階乗の近似式は重宝だということになります．$n!$ の近似式にはスターリングの公式という，次の式で表される近似式があります．

$$n! \fallingdotseq n^n e^{-n} \quad (n \gg 1) \tag{3.38a}$$

この式 (3.38a) の両辺の自然対数をとった，次の式もスターリングの近似式として使われます．

$$\ln n! \fallingdotseq n \ln n - n \quad (\text{または，} \log_e n! \fallingdotseq n \ln n - n) \quad (n \gg 1) \tag{3.38b}$$

なお，ここで使った ln は自然対数を表す記号で $\log_e$ と同じ意味の記号です．

しかし，数学の専門書などではスターリングの公式として，次の式が示されています．

$$n! \fallingdotseq \sqrt{2\pi n}\, n^n e^{-n} \quad (n \gg 1) \tag{3.39a}$$

この式 (3.39a) は上の式 (3.38a) とは，式の前の係数 $\sqrt{2\pi n}$ だけ異なっています．この係数を調べると $\sqrt{2\pi}$ は 2.5066... となるので，ネイピア数 $e = 2.71828...$ に近いことがわかります．そこでこれを e に近似することにすると，式 (3.39a) は近似的に，次のように書けます．

$$n! \fallingdotseq n^{n+\frac{1}{2}} e^{1-n} \quad (n \gg 1) \tag{3.39b}$$

両辺の自然対数をとると次の式が得られます．

$$\ln n! \fallingdotseq \left(n + \frac{1}{2}\right) \ln n + 1 - n \quad (n \gg 1) \tag{3.39c}$$

この式 (3.39c) では n が 1 より非常に大きいとき $n + 1/2$ は n に近似できる

し，$1-n$ は $-n$ に近似できます．だからこのように考えると，式 (3.39c) は式 (3.38b) に等しくなります．ただ，$(n+1/2)\ln n$ は $\ln n^{n+1/2}$ とも書けますが，この形でみると $1/2$ の項の値は $n^{1/2}$ となるので n が非常に大きいときには小さい数字とはいえません．だから，式 (3.38b) を使った近似は近似式の使い方によってはあまりよい近似ではないということもありえます．ともかく，以上のような近似が許されれば，$n!$ の近似式として式 (3.38a)，(3.38b) と式 (3.39a)，(3.39b)，(3.39c) のいずれも使えることになります．

ただし，n の値がそれほど大きくないときには式 (3.38a)，(3.38b) よりも式 (3.39a)，(3.39b)，(3.39c) の方が正確な値に近いことも事実です．具体的な例を $n=10$ の場合で見てみると次のようになります．

真値は $n!=10!=3.6288\times 10^6$ となり，一方，近似式では $n^n e^{-n} = 10^{10}e^{-10} = 4.54\times 10^5$，$n^{n+1/2}e^{1-n} = 10^{10.5}e^{-9} = 3.903\times 10^6$ となります．この例でみると，式 (3.39b) の近似は比較的小さい数字の場合でも実際の $n!$ の値にかなり近い数字が得られることがわかります．

n の値がさらに小さい $n=5$ と $n=3$ の場合に，式 (3.39c) の $(n+1/2)\ln n + 1 - n$ を使い，$\ln n!$ の計算結果と比較してみると，式 (3.39c) の近似式を使った場合の値は 4.852 と 1.845 になります．一方，n の階乗の真値はそれぞれ 4.787 と 1.792 となります．だから，n の値がかなり小さい場合でも式 (3.39c) の近似式は真値に近い値が得られることがわかります．

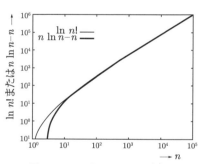

図 3.1 $\ln n!$ と $\ln n\text{-}n$ のグラフ

次に，式 (3.38b) の近似式の近似の正確さについて調べてみましょう．図 3.1 には $\ln n!$ と $n\ln n - n$ のグラフを示しましたが，このグラフで $\ln n!$ を近似の高い式 (3.39c) の $(n+1/2)\ln n + 1 - n$ とみなして，$n\ln n - n$ のグラフと比較すると，式 (3.38b) の近似式は n の値が 100 以上になると両者はほぼ一致し，かなりよい近似式になっています．だから，n の値が非常に大きい場合には 2 つの式のいずれも使用してよいと思われます．

これは少し極端なはなしかもしれませんが，n の階乗の近似式として，次の式もあります．

3.2 近似計算

$$n! = n^n \tag{3.40}$$

この式 (3.40) では式 (3.38a) の e^{-n} も省いていますので，これは酷い！と思われるかもしれません．しかし，驚いたことに'量子論の父'として有名なプランクは，量子論の生まれた黒体放射の論文で，$n!$ の近似式として，この近似式 (3.40) を使っているのです．

プランクばかりではなく，デバイやド・ブロイなどもこの式を使っていて，量子論の論文ではこのような近似式の大胆な使い方も珍しくないようです．この理由は量子論では電子などの膨大な数（$\sim 10^{20}$ 以上）の粒子を扱いますので，式 (3.40) のような一見乱暴な n の階乗の近似式を使っても物理現象の計算結果に本質的な間違った影響は与えないからです．

次に，式 (3.38) や式 (3.39) の妥当性を調べておきましょう．まず，$n!$ は $n! = n(n-1)(n-2)\cdots 3\cdot 2\cdot 1$ となりますから，両辺の自然対数をとると次の式が得られます．

$$\ln n! = \ln\{n(n-1)(n-2)\cdots 3\cdot 2\cdot 1\} \tag{3.41a}$$

$$= \sum_{k=1}^{n} \ln k \tag{3.41b}$$

この式 (3.41b) は，$\ln x$ の 1 から n までの定積分に近似することができます．いま，$f(x) = \ln x$ とおくと，$f(x)$ の原始関数 $F(x)$ は部分積分法を使って $F(x) = x\ln x - x$ となるので，$\ln x$ の 1 から n までの定積分の値は，次のように計算できます．

$$\ln n! = \int_{1}^{n} n_1 \ln x\, dx = [x\ln x - x]_1^n \tag{3.42a}$$

$$= n\ln n - n + 1 \tag{3.42b}$$

最後の式 (3.42b) の 1 を除くと式 (3.38b) の近似式になりますし，最後の式の第 1 項の $\ln n$ の係数の n に $1/2$ を加えて $(n+1/2)$ とすると，式 (3.42b) は式 (3.39c) の近似式と等しくなります．以上のことから，式 (3.38a), (3.38b) および式 (3.39a), (3.39b), (3.39c) は $n!$ の近似式としてともに妥当であることがわかります．

演 習 問 題

3.1 $\sum_{n=1}^{\infty} ar^{n-1}$ を $a>0$ として，$r<1$ と $r\geq 1$ のときに，この級数が収束するかどうかを調べ，収束する場合には級数の和の値を求めよ．

3.2 $\sum_{n=1}^{\infty} 1/\{n(n+1)\}$ の和を計算して求めよ．

3.3 数字の 8.8 と 9 の 3 乗根を近似式を用いて，小数点以下 3 桁までできるだけ正確に求めよ．

3.4 指数関数のべき乗である $e^{2.1}$ の値を小数点以下 3 桁まで，近似式を使ってできるだけ正確に求めよ．ただし，ネイピア数 e の値は $e=2.71828$ とせよ．

3.5 正弦関数の $\sin 35°$ の値を近似式を用いてできるだけ正確に求めよ．

3.6 自然対数の値である $\ln 2.72828$ の値を 3 階微分の項まで使って求めよ．ただし，ネイピア数 e の値は $e=2.71828$ とせよ．

Chapter 4

微分方程式

　物理学の法則は文字と数式で表されますが，この数式は多くの場合微分方程式で書かれています．このような物理学との関係から，微分方程式は物理数学の中でもっとも重要な項目の 1 つです．この章ではまず微分方程式の使用で謎が解ける一休さんの話題をとりあげます．このはなしを通じて微分方程式の有用性を学ぶとともに微分方程式に興味と親しみを感じて頂くことにします．このあと，微分方程式の正体（定義など）ならびに微分方程式の種類と特徴を簡単に説明します．続いて，微分方程式の解法を，例題を解くことを通して微分方程式の種類ごとに詳しく説明することにします．微分方程式の解法は変数が 1 つの常微分方程式に限り，偏微分方程式については少し高度なので扱わないことにします．

 4.1　微分方程式の有用性と正体

4.1.1　不思議な物理現象の謎が解ける微分方程式

安国寺の巨大な吊り鐘を指 1 本で大きく揺らした一休さん！

　ここでは一休さんのとんち話を採りあげます．一休さんは禅宗の僧で一休禅師のことですが話題の多い人です．まず生まれが天皇のご落胤（子息）であるといわれています．成長してからは，僧社会の慣例を破るなど旧弊にとらわれない言動から破戒僧とよばれたこともあります．幼少のころも頭脳明晰であったためか，和尚さんをはじめ周囲の大人たちを手玉に取ったとんち小僧として有名です．一連のとんち話は子供のころ何度も聞きましたが，悪い大人たちをやり込めるはなしは子供心にも痛快で，「一休さん」のはなしは何度聞いても飽きないものであったことが懐かしく思い出されます．

　さて，一休さんには巨大な吊り鐘を指 1 本で大きく揺らしたという逸話があります．このはなしのいきさつは以下の通りです．一休さんが京都は安国寺で小僧さんをしていたある日室町幕府の将軍足利義満が参拝に来ました．しかし，将軍の参拝は口実で目的は和尚さんと囲碁を楽しむことでした．しかし，この日は将軍が惨敗してしまって悔しい思いで帰ろうとしていたときに，この寺自慢の巨大

な吊り鐘が将軍の目に止まりました．

　気分がむしゃくしゃしていた将軍は叫んだそうです'誰かあの吊り鐘を揺り動かせる者はおらんか？'と．引き連れていた家来たちは，ちょっとやそっとでは動きそうもない巨大吊り鐘を見て，一同お互いに顔を見合わせるばかりでした．'誰かおらんか？'の矢の催促に，'やってみましょう！'と日頃力自慢の大男が名乗り出て，力まかせに吊り鐘を押したのですがびくともしませんでした．'だらしのない奴らだ！情けない奴！'と輪をかけて怒る足利将軍の声に'では，私がやってみましょう！'と一休さんが涼やかに名乗り出ました．まさかと驚いた将軍は'一休か，またも大きな顔をしおって！もし動かなかったら，ただでは済まんぞ！'とこの日はじめてにやりと笑いました．一休さんには平素やり込められてばかりの家来たちも'今度こそ懲らしめてやれる！'と思いは同じでした．

　一休さんは小走りに吊り鐘に近づくと，将軍たちを小馬鹿にしたように，指を1本さし出して，吊り鐘を突きました．もちろん，鐘は動きません．次に一休さんは，指で鐘を小刻みにつついて鐘を揺らそうとしました．鐘はピクッとも動きませんが，一休さんは根気よく，鐘をつつき続けました．するとどうでしょう！しばらくすると，吊り鐘はわずかに小刻みに振れ始め，揺れの振幅は次第に大きくなっていきました．そして，遂には吊り鐘が大きく振れたのです．

　足利将軍や家来たちは大きく揺れる吊り鐘を見て驚嘆しました！なぜ吊り鐘が大きく揺れたのか，さっぱりわからないのです．一休さんがまじないを掛けて魔力で鐘を動かしたと思ったのでしょうか！？これ見ていた者は皆，内心'恐ろしい小坊主だ！'と一休さんに恐怖を覚えたのでした．なにせ，眠っていた巨人が突如動き出したように，巨大な吊り鐘が大きく揺れたのですから！こうして足利将軍一行はまたもや一休さんにやり込められて，すごすごと安国寺をあとにしたということです．

　ところで，一休さんのやったことは科学的に合理的なのでしょうか？実は，この吊り鐘の揺れの問題は微分方程式を使って解くことができるのです．吊り鐘の揺れの運動は，物理学的には単振動（すなわち調和振動）の問題です．だから，この問題は高校時代に学んだ単振動の問題の延長にあります．

　調和振動では振動子のおもりの質量を m，振動子の固有角振動数を ω_0，揺れの変位を y とすると，次の微分方程式が成り立ちます．

4.1 微分方程式の有用性と正体

$$m\frac{d^2y}{dt^2} + m\omega_0^2 y = 0 \tag{4.1}$$

そして，この振動子に外部から角振動数 ω で振動する振幅 F の力 $F\cos\omega t$ を加えると，式 (4.1) の微分方程式は次の式 (4.2) のように変わります．一休さんの場合には吊り鐘を指で押したり離したりして，鐘に力を加えたのでこの式があてはまります．ここでは式の簡素化を狙って $m=1$ としました．

$$\frac{d^2y}{dt^2} + \omega_0^2 y = F\cos\omega t \tag{4.2}$$

この式は微分方程式ですが，この式 (4.2) を解くことは，ここで簡単に説明できるほどやさしくないので，詳細はあとで解き方の節で詳しく説明することにして，答えだけ書くと次のようになります．まず，外から与える力の角振動数 ω が振動子の固有角振動数 ω_0 と等しくないとき $(\omega_0 \neq \omega)$ は，y の解は次のようになります．

$$y(t) = \frac{F}{\omega_0^2 - \omega^2}\cos\omega t + c_1\cos\omega_0 t + c_2\sin\omega_0 t \tag{4.3}$$

また，与える力に伴う角振動数 ω と固有角振動数 ω_0 の 2 つの角振動数が等しいとき（$\omega_0 = \omega$）は，微分方程式の解 $y(t)$ は次の式で与えられます．

$$y(t) = \frac{F}{2\omega_0}t\sin\omega_0 t + c_1\cos\omega_0 t + c_2\sin\omega_0 t \tag{4.4}$$

これらの式を簡単に説明しておきますと，式 (4.3) の答えは振動子に与える振動の角振動数 ω が振動子の固有角振動数 ω_0 と等しくないときですが，たまたま両者が一致すると，振動子は共鳴現象を起こし，揺れを邪魔する抵抗がなければ，振動子の振れは無限大に大きくなります．

普通に吊り鐘を押したり離したりすれば，式 (4.3) が表す状態になると思われますので，一休さんが最初吊り鐘を押し始めたときはこの状態に該当すると思われます．しかし，何度も押したり離したりしているうちに，2 つの角振動数（ω と ω_0）が等しくなることが起こると共鳴現象が起こります．

共鳴の状態がどのように起こるかを詳

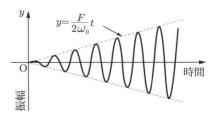

図 4.1 外力の角振動数 ω が吊り鐘の固有角振動数 ω_0 と一致すると揺れの振幅は急増する

しくみるためには，ω と ω_0 が等しいときの振動状態の解（x の解）の式を見ればいいのですが，これが式 (4.4) に示される解の式です．式 (4.4) の解では，図 4.1 に示すように，（振動する）力 $F\cos\omega t$ の角振動数 ω が ω_0 に一致すると，一致した瞬間から時間 t とともに，短時間のうちに振動の振幅（変位）$x(t)$ が急速に大きくなることがわかります．だから，一休さんが指で吊り鐘をつついて吊り鐘の揺れが次第に大きくなったときの状況は，この式 (4.4) がよく表していることになります．

ところで，一休さんは微分方程式を知っていたのでしょうか？ いくらなんでもこれはないと思います．なぜなら，一休さんはいまから 600 年くらい前の室町時代の子供ですし，ヨーロッパで微分を発見したライプニッツもニュートンも当時はまだ生まれていなかったのですから．

ではなぜ一休さんは吊り鐘を動かすことができたのか？となりますが，憶測では，一休さんは境内の中を荒らしまわった相当のいたずら小僧で，しかも探求心の旺盛な小僧さんであったと思われます．一休さんの数多くのいたずらの経験の中には吊り鐘を揺らすことも含まれており，すでにこの吊り鐘を揺らしたことが何度かあったのではないでしょうか．だから，一見動きそうのない大きな吊り鐘も，根気よく小刻みにつついていれば，そのうちに大きく揺れることをこのとき，すでに経験して知っていたのではないかと推察されます．

4.1.2 微分方程式の正体と種類

・微分方程式の定義，階数および次数

微分方程式は，前項の式 (4.1) や式 (4.2) のような，関数を微分した導関数の入った数式で表されるということですが，微分方程式を言葉で言い表すとどうなるのでしょうか？ 微分方程式は次のように定義されています．すなわち，微分方程式は，未知の関数，例えば y とその $y^{(1)}, y^{(2)}, \ldots$ などの導関数の関係式として書かれた，関数方程式であると定義されています．だから，変数を x としますと関数は $y(x)$ となりますから，微分方程式を表す関数方程式 F は，一般的には次の式で表されます．

$$F(x, y, y^{(1)}, y^{(2)}, \ldots y^{(n)}) = 0 \qquad (4.5)$$

そして，式 (4.5) に示される微分方程式のように，変数が x だけの 1 個の場合

には，この微分方程式は常微分方程式とよばれます．また，微分方程式は1階微分方程式とか2階微分方程式とかいわれますが，微分方程式の階数は導関数の微分を行う回数で決まります．例えば，式 (4.5) で表される微分方程式でいうと，最高階数の導関数が $d^n y/dx^n$ ならば，n 階がこの微分方程式の階数になります．つまり，この微分方程式は n 階微分方程式になります．だから，導関数の微分回数が2回（$n=2$）なら，2階微分方程式となりますし，1回だけの微分なら1階微分方程式になります．

また，微分方程式の次数ですが，これは微分方程式が導関数の多項式で表されるときに，最高階数の導関数の最高の次数がとられて，微分方程式の次数が決まります．例えば，微分方程式の中の導関数 $(d^n y/dx^n)^3$ が最高階数の最高次数の導関数であれば，この微分方程式の次数は3次となり，n 階3次微分方程式ということになります．

例えば，次の微分方程式

$$m\frac{d^2 x}{dt^2} = f(x) \tag{4.6}$$

で表されるニュートンの運動の方程式は2階1次微分方程式です．また，力学的エネルギー保存の法則を表す次の微分方程式

$$\frac{1}{2}m\left(\frac{dx}{dt}\right)^2 + V(x) = E \tag{4.7}$$

は1階2次微分方程式ということになります．

・常微分方程式と偏微分方程式

微分方程式には常微分方程式のほかに偏微分方程式があります．偏微分方程式は微分方程式に使われている変数が x の1個ではなく，x のほかに t など2個以上の多数の変数が存在する微分方程式のことです．そして，偏微分方程式の微分記号には，これまで使っている dy/dx ではなくラウンド記号 ∂ 用いた $\partial y/\partial x$ が使われます．

有名な偏微分方程式の例としては，次に示す光（の波）の運動を表す波動方程式があります．

$$\frac{1}{c^2}\frac{\partial^2 u(x,t)}{\partial t^2} = \frac{\partial^2 u(x,t)}{\partial x^2} \tag{4.8}$$

ここで，c は光の速度，u は光の波の変位です．そして，変数の x は位置座標を，もう1つの変数の t は時刻を表しています．

・線形微分方程式

　線形微分方程式は未知関数 $y(x)$ とこの導関数 $d^i y/dx^i$ がすべて 1 次関数で，これらの関数と既知の関数 $R(x)$ の間が線形（1 次）の形式で書ける微分方程式です．だから，線形 n 階の微分方程式は次の式で表されます．

$$p_0(x)y + p_1(x)\frac{dy}{dx} + p_2(x)\frac{d^2 y}{dx^2} + \cdots + p_n(x)\frac{d^n y}{dx^n} = R(x) \tag{4.9}$$

だから，線形 1 階微分方程式は，例えば次のように表されます．

$$\frac{dy}{dx} + p(x)y = R(x) \tag{4.10}$$

　線形微分方程式に対して非線形微分方程式では，関数 $y(x)$ もしくは関数の導関数 $d^i y/dx^i$ が 2 次以上の項を含んでいます．例えば，次に示す

$$\frac{dy}{dx} - cy = -ay^2 \tag{4.11a}$$

$$\frac{d^2 y}{dx^2} + cy = ay^2 \tag{4.11b}$$

$$y\frac{dy}{dx} = a \tag{4.11c}$$

3 個の微分方程式はすべて非線形微分方程式です．よく知られている非線形微分方程式としては振り子運動の，次の微分方程式があります．

$$\frac{d^2 \theta}{dt^2} = -\frac{g}{l}\sin\theta \tag{4.12}$$

この微分方程式が非線形なのは $d^2\theta/dt^2$ と $\sin\theta$ が線形（比例）関係にないからです．しかし，θ が小さい場合には $\sin\theta \fallingdotseq \theta$ と近似ができますので，この関係を使うと，式 (4.12) は次の式に近似できます．

$$\frac{d^2 \theta}{dt^2} = -\frac{g}{l}\theta \tag{4.13}$$

この微分方程式は線形微分方程式に変わっています．

　物理現象を，微分方程式を使って厳密な形で表現しようとすると非線形になる場合が多いといわれています．しかし，非線形微分方程式は解けない場合や，解けてもきわめて難しい場合があるのが実情で，数値解しか得られないない場合も多いのです．こうした理由から，非線形微分方程式は線形微分方程式に近似して解を得る場合がしばしばです．

なお，線形微分方程式の中で係数が定数の場合の微分方程式は定係数微分方程式とよばれます．だから，次の2つの微分方程式

$$y^{(1)} + ay = R(x) \tag{4.14}$$

$$y^{(2)} + ay^{(1)} + by = R(x) \tag{4.15}$$

は，式 (4.14) が定係数 1 階線形微分方程式，式 (4.15) は定係数 2 階線形微分方程式とよばれています．ここでは，y の微分形に $y^{(1)}$，$y^{(2)}$ を使いましたが，今後は y'，y'' も使います．

・**同次微分方程式と非同次微分方程式**

線形微分方程式の式 (4.10) や式 (4.14)，そして式 (4.15) の右辺には既知の関数項 $R(x)$ があります．微分方程式のこの項は非同次項とよばれます．そして，この非同次項 $R(x)$ がゼロでない（$R(x) \neq 0$）場合の微分方程式は非同次微分方程式とよばれます．非斉次微分方程式ともよばれますが，本書では非同次方程式の呼称を採用します．また，右辺の非同次項が存在しなくて $R(x) = 0$ の場合の微分方程式は同次微分方程式（または斉次微分方程式）とよばれます．なお，同次微分方程式は簡略して同次方程式ともよばれます．

次の微分方程式の解法の項で説明しますように，微分方程式の解法では，微分方程式（これは大抵の場合非同次方程式になっている）が与えられると，まず非同次項をゼロにして同次方程式としての解を求め，この解を利用して非同次微分方程式の解を求める方法がとられるのが一般的です．

4.2 1 階線形微分方程式を使って表す微分方程式の解と解法

4.2.1 一般解，特殊解（特解），および特異解

微分方程式を解いて得られる関数は，微分方程式の解とよばれますが，この解には一般解というものがあります．一般解は微分方程式を充たすたくさんの解の集合です．一般解を図に描くと，これは多くの曲線群になるのです．例えば，次の 2 個の式

$$x\frac{dy}{dx} = 2y \tag{4.16a}$$

$$y = cx^2 \tag{4.16b}$$

において，微分方程式 (4.16a) の一般解は式 (4.16b) で表されます．例えば，$c = 1$ なら解は $y = x^2$ になりますし，$c = 3$ なら，解は $y = 3x^2$ となります．だから，一般解の式 (4.16b) では c は任意の定数ですので，c はいろいろな値をとることができます．定数 c にいろいろな値を想定して式 $y = cx^2$ のを図に描くと，多くの曲線の群れができます．

次に，この曲線群の中で，原点以外にもう 1 つの特定の座標点を通る曲線はただ 1 本しか存在しません．だから，2 点を通る曲線を表す関数は $y = x^2$ とか $y = 2x^2$ とかの 1 個の式に決まります．こうして 1 個に決まった解は，特定の条件だけを充たす解なので特殊解とよばれます．特殊解は略して特解ともよばれます．特解という語句の方が簡略で，しかも一般にも周知されていますので，本書でもこれ以降は特解の呼称を使うことにします．

微分方程式によっては，一般解に含まれない解が存在する場合もあります．こうした解は特異な解ですので，特異解とよばれます．ここで念のために注意しておきますが，特異解は一般解に含まれないので，特解にも含まれません．

4.2.2 変数分離形法

いま，次の式 (4.17) で表される微分方程式があるとします．

$$\frac{dy}{dx} = xy \tag{4.17}$$

この微分方程式を一般化して，同じ種類の微分方程式の解法をまとめて説明するために，右辺の x, y をそれぞれ x と y の関数の $X(x)$ と $Y(y)$ に変更すると，次のように書けます．

$$\frac{dy}{dx} = X(x)Y(y) \tag{4.18}$$

この式 (4.18) の形に書ける微分方程式は，変数分離形の微分方程式といわれます．この形の微分方程式は容易に解くことができますので，一般に微分方程式に遭遇したら，まずその微分方程式がこの形に書けるかどうかを検討するのが得策です．なお，変数分離形法は変数分離法ともよばれます．

さて，式 (4.18) の微分方程式の解き方ですが，まず，式 (4.18) を次のように書き換えます．

$$\frac{1}{Y(y)}dy = X(x)dx \tag{4.19}$$

この式 (4.19) では，左辺の変数は y だけ，右辺は x だけなので，それぞれ独立に積分演算することができます．これを実行すると，積分は次のようになります．

$$\int \frac{1}{Y(y)} dy = \int X(x) dx + C \tag{4.20}$$

この式の演算を続けると，$y = y(x)$ の形で微分方程式 (4.18) の解を求めることができます．すなわち，式 (4.18) の形で書ける微分方程式は変数分離法を使って解くことができます．

だから，最初に挙げた式 (4.17) を式 (4.19) のように変形して変数分離形の方式に従って解くのですが，式 (4.17) の例では，式 (4.20) に対応する積分の式は，次のようになります．

$$\int \frac{1}{y} dy = \int x dx + c_1 \tag{4.21}$$

両辺を，それぞれ y と x で積分すると，$\ln y = (1/2)x^2 + c_1$，さらに変形して $y = e^{x^2/2 + c_1}$ となりますが，$e^{c_1} = c$ とおくと，y の解としては，次の式が得られます．

$$y = ce^{\frac{x^2}{2}} \qquad (= c \exp(x^2/2)) \tag{4.22}$$

4.2.3 同次形法

次に同次形とよばれる微分方程式の解法に進みましょう．ここで少し注釈を加えておきますと，この微分方程式は同次方程式という意味ではありません．また，同次形微分方程式という特別の微分方程式があるのでもありません．ここで述べる同次形の微分方程式というのは，同次形に書ける微分方程式という意味です．

すなわち，同次形微分方程式というのは，次の形

$$\frac{dy}{dx} = f\left(\frac{y}{x}\right) \tag{4.23}$$

に書ける微分方程式のことです．この同次形の微分方程式の解き方は，まず変数変換を行って $y/x = z$ とおきます．すると，関数 $y(x)$ は，$y(x) = xz(x)$ となるので，これを x で微分すると，次の式が得られます．

$$\frac{dy}{dx} = z(x) + x\frac{dz}{dx} \tag{4.24}$$

したがって，式 (4.23) の関数 f は，y/x を z として，次のようになります．

$$f(z) = x\frac{dz}{dx} + z \tag{4.25}$$

この式 (4.25) を書き換えると，次の式

$$\frac{dz}{dx} = \frac{f(z) - z}{x} \tag{4.26}$$

が得られ変数分離形になるので，前項に述べた方法を使って $z(x)$ を得ることができ，この $z(x)$ を使って，解の $y(x)$ が得られます．

1つの例として，ここで次の微分方程式を解いてみましょう．

$$\frac{dy}{dx} = \frac{y}{x} + 2 \tag{4.27}$$

まず，$y/x = z$ とおくと $y = xz$ となりますので，これを x で微分して $dy/dx = z + xdz/dx$ を得ます．これを課題の微分方程式 (4.27) に代入すると，$y/x = z$ だから，次の式が得られます．

$$\frac{dz}{dx} = \frac{2}{x} \tag{4.28}$$

この式を解くと，c を定数として，$z = 2\ln x + c$ が得られ，この z を $y = xz$ に代入して，解 y として次の式が得られます．

$$y = 2x\ln x + cx \tag{4.29}$$

4.2.4 1階線形微分方程式の解および未定係数法と定数変化法

ここでは同次微分方程式の解と非同次微分方程式の解の関係を1階線形微分方程式の解を通して説明するとともに，非同次微分方程式の解法である未定係数法と定数変化法を説明することにします．

・**同次方程式の解**

1階線形微分方程式の一般式は次の形

$$\frac{dy}{dx} + P(x)y = R(x) \tag{4.30}$$

に書くことができるので，この微分方程式を使って解の求め方を説明することにします．この式は，4.1.2項で説明したように，$R(x) = 0$ のとき同次方程式，$R(x) \neq 0$ のときは非同次方程式になります．

したがって，この微分方程式 (4.30) の同次方程式は，次の式で表されます．

$$\frac{dy}{dx} + P(x)y = 0 \tag{4.31}$$

この式 (4.31) は書き直して変形すると，次のように変数分離形の式になります．

$$\frac{1}{y}dy = -P(x)dx \tag{4.32}$$

式 (4.32) の両辺をそれぞれ y と x で積分すると，c' を積分定数として次の式が得られます．

$$\ln y = -\int P(x)dx + c' \tag{4.33}$$

したがって，この式から y は，次のように求めることができます．

$$y = ce^{-\int P(x)dx} \to y_G \tag{4.34}$$

ここで，$e^{c'} = c$ とおきました．この関数 y が同次方程式の解とよばれます．ここでは，これを同次方程式の一般解という意味で y_G とすることにします．

・**非同次方程式の解**

いま，式 (4.30) で表される微分方程式（非同次方程式）の解が 1 個見つかったとします．この解は一般解の中の 1 つと考えられるので特殊解，つまり特解です．そこでこの解を y_P とすることにします．すると，この特解 y_P は式 (4.30) を充たしているので，次の式が成り立ちます．

$$y'_P + P(x)y_P = R(x) \tag{4.35}$$

次に，式 (4.31) の一般解 y_G に，この式 (4.30) の特解 y_P を加えた $y_P + y_G$ を仮に微分方程式 (4.30) に代入すると，次の式ができます．

$$y'_P + y'_G + P(x)(y_P + y_G) = R(x) \tag{4.36}$$

この式を書き換えると

$$\{y'_G + P(x)y_G\} + y'_P + P(x)y_P = R(x) \tag{4.37}$$

と書けますが，括弧 { } の中は，y を同次方程式の一般解 y_G で置き換えた式になっているのでゼロになります．また，この項を除いた部分は，式 (4.35) と同じですから，この式は当然成り立ちます．

以上のことから，非同次方程式の解，つまり，元の微分方程式の一般解は，同

次方程式の一般解 y_G に非同次方程式の特解 y_P を加えたものになります．だから，非同次方程式の一般解の y は，式 (4.34) を使って，次の式で与えられます．

$$y = y_P(x) + ce^{-\int P(x)dx} \tag{4.38}$$

・**未定係数法**

特解は微分方程式に精通している人なら，勘や目の子で見つけることも可能ですが，初学者の場合にはそうはいきません．そこで，ここでは系統的な方法によって特解を求めることができる，未定係数法について説明しておくことにします．

適用する微分方程式の例として 2 個の非同次方程式を考えることにします．1 つ目の非同次方程式として，次の式を考えます．

$$y' + 3y = x^2 - 1 \tag{4.39}$$

この式 (4.39) では右辺の非同次項が $x^2 - 1$ と 2 次式なので，特解 y_P の候補としても，次の式 (y) で示すように，x の 2 次式を仮定することにします．

$$y = ax^2 + bx + c \tag{4.40}$$

ここで，a，b，c は未知の係数です．

この式 (4.40) を使って y の導関数も作り，y と y' を式 (4.39) に代入して整理すると，次の式が得られます．

$$3ax^2 + (2a + 3b)x + b + 3c = x^2 - 1$$

この式の左右の各項は当然等しくなるべきですから，x^2 の項，x の項，定数の項の各項について，それぞれ $3a = 1$，$2a + 3b = 0$，$b + 3c = -1$ の関係が得られます．これらの式を解くと a，b，c は次のように決まります．$a = 1/3$，$b = -2/9$，$c = -7/27$．したがって，y の特解は次のように決定できます．

$$y_P = \frac{1}{3}x^2 - \frac{2}{9}x - \frac{7}{27} \tag{4.41}$$

2 つ目の非同次方程式の例としては，次の式を考えることにします．

$$y' - 2y = \sin x \tag{4.42}$$

この非同次方程式は右辺の非同次項が $\sin x$ ですから，特解 y_P の候補 y を，次のように仮定することにします．

$$y = a\sin x + b\cos x \tag{4.43}$$

この式の y を微分して，y' を準備し，前の場合と同様に処理することにします．すなわち，y と y' を式 (4.42) に代入して，整理すると次の式が得られます．

$$(a-2b)\cos x - (2a+b)\sin x = \sin x$$

この式が成り立つ条件から，$a-2b=0$，$-(2a+b)=1$ の2つの関係式が得られます．これを解くと a, b は $a=-2/5$，$b=-1/5$ と求まります．したがって，式 (4.42) の特解 y_P は，次のようになります．

$$y_P = -\frac{2}{5}\sin x - \frac{1}{5}\cos x$$

・**定数変化法**

次に，同次方程式の一般解の定数 c を変数 x の関数 $c(x)$ とみなして，非同次方程式の一般解を求める定数変化法とよばれる方法を説明することにします．ここでは課題の非同次方程式として，次の微分方程式を考えることにします．

$$y' - 2xy = -2x \tag{4.44}$$

まず，同次方程式は非同次項を 0 とおいて，次の式になります．

$$y' - 2xy = 0 \tag{4.45}$$

この微分方程式は変数分離形に書けるので，一般解は容易に得られ $y_G = ce^{x^2} = c\exp(x^2)$ となります．さて，定数変化法ですが，この方法では，c を $c(x)$ として，式 (4.44) の解を，次のようにおきます．

$$y = c(x)e^{x^2} \tag{4.46}$$

この y を式 (4.44) に代入すると，次の式が得られます．

$$c'(x)e^{x^2} = -2x \tag{4.47}$$

この式の両辺に e^{-x^2} を掛けて，x で積分すると，$c(x)$ として，次の式が得られます．

$$c(x) = \int -2xe^{-x^2}dx + c \tag{4.48}$$

この式の被積分項の $-2xe^{-x^2}$ は e^{-x^2} を微分した値になるので，積分は e^{-x^2} と

なります．したがって，定数を $c=0$ として $c(x)$ は次のよう求められます．

$$c(x) = e^{-x^2} \tag{4.49}$$

ここでは，特解は 1 個あれば十分なので積分定数は省いています．したがって，非同次方程式 (4.44) の一般解は，この $c(x)$ を式 (4.46) に代入して得られる特解 ($y=1$) に，同次方程式の一般解 ce^{x^2} を加えて，次のようになります．

$$y_G = e^{-x^2} \cdot e^{x^2} + ce^{x^2} = 1 + ce^{x^2} \tag{4.50}$$

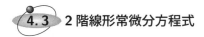

4.3 2 階線形常微分方程式

4.3.1 定係数 2 階線形常微分方程式

・2 階線形微分方程式

2 階線形微分方程式は，微分回数が 2 階の導関数を最高の階数とし，これが y'' とか $y^{(2)}$，または d^2y/dx^2 とかの記号で書かれた，次のような微分方程式です．

$$y'' + P(x)y' + Q(x)y = R(x) \tag{4.51}$$

この微分方程式 (4.51) において左辺の係数 $P(x)$ と $Q(x)$ が変数 x の値によらない定数の場合には，この微分方程式は，例えば定数を a, b として次の式のように表されます．

$$y'' + ay' + by = R(x) \tag{4.52}$$

この微分方程式は定係数 2 階線形微分方程式とよばれます．

・定係数 2 階線形微分方程式の解とその性質

2 階の線形微分方程式は，普通の 2 次方程式が 2 個の解をもつように，独立な解を 2 個もちます．この点では 1 階微分方程式の解の場合とは異なりますので要注意です．また，2 階線形微分方程式の場合にも，1 階線形微分方程式の場合と同じように，同次方程式と非同次方程式があります．そして，それぞれの微分方程式に対して解法がありますので，これらについてこれから説明することにします．

その前に，全体的な解の性質として，次のような注意すべきことがあります．まず，微分方程式の 2 個の解として $y_1(x)$ と $y_2(x)$ があるとすると，これらに定係数（定数の係数）を掛けて各々加えたものも，微分方程式の解になります．だ

から，定係数 2 階線形微分方程式の解を y とすると，y は次の式によっても表されます．

$$y = c_1 y_1(x) + c_2 y_2(x) \tag{4.53}$$

このような解の和は解の重ね合わせといわれ，これは解の重要な性質です．

また，2 個の解の一方が他方の定数倍であるときは，2 つの解は互いに従属といわれます．2 つの解の間に倍数の関係が存在しないときには，解は互いに 1 次独立であるといわれます．そして，一般解は 1 次独立な 2 個の解 $y_{i1}(x)$ と $y_{i2}(x)$ の線形結合で表され，次のように書かれます．

$$y_G = c_1 y_{i1}(x) + c_2 y_{i2}(x) \tag{4.54}$$

また，2 階線形微分方程式においても非同次方程式の解が，同次方程式の一般解と非同次方程式の特解の和で与えられますが，このことは，1 階線形微分方程式の場合と同じです．しかし，2 階線形微分方程式では特解の求め方がより複雑になるので要注意です．

4.3.2 定係数 2 階微分方程式における同次方程式の解法

式 (4.52) の定係数 2 階線形微分方程式は，右辺の非同次項をゼロとおくと，次の式で表される同次方程式になります．

$$y'' + ay' + by = 0 \tag{4.55}$$

ここでは，この同次方程式の解の求め方を説明することにします．まず，この式の解として次の y を仮定します．

$$y = e^{\lambda x} \tag{4.56}$$

この式 (4.56) を式 (4.55) に代入すると，次の式が得られます．

$$(\lambda^2 + a\lambda - b)e^{\lambda x} = 0 \tag{4.57}$$

この式 (4.57) では，$e^{\lambda x}$ は x や λ の値が実数ならばどんな値であっても 0 にはならないので，次の式が成り立つ必要があります．

$$\lambda^2 + a\lambda + b = 0 \tag{4.58}$$

この式 (4.58) は λ に関する 2 次方程式ですが,この式は定係数線形微分方程式の特性方程式とよばれます.

この特性方程式の解は当然定係数 2 階線形微分方程式の解と直接の関係がありますので,この特性方程式の解を使って微分方程式の解を求めます.式 (4.58) の特性方程式の解は,2 次方程式の解の公式に従って次の式で与えられます.

$$\lambda = \frac{1}{2}\left(-a \pm \sqrt{a^2 - 4b}\right) \tag{4.59}$$

λ の値は,$\sqrt{}$ の中の数値が正か負かによって,実数または虚数になるので,次のように場合分けして考える必要があります.

① $a^2 > 4b$ のとき:このときには λ の値は 2 個の実数になるので,これを λ_1,λ_2 とします.これらは $\lambda_1 \neq \lambda_2$ であり,互いに独立です.この場合の式 (4.55) の微分方程式の一般解は式 (4.56) を使って,かつ,この種の微分方程式の解の性質に従って,次のように求められます.ここで c_1, c_2 は定数です.

$$y_G = c_1 e^{\lambda_1 x} + c_2 e^{\lambda_2 x} \tag{4.60}$$

② $a^2 = 4b$ のとき:この場合には λ の値は同じになるので,λ の解は重根になります.λ の解を λ_1 とすることにしますと,これは $\lambda_1 = -a/2$ となるので,同次方程式の特解は次のようになります.

$$y = e^{\lambda_1 x} \tag{4.61}$$

これは重解ですから解が 1 個しかありません.もう 1 つの解を求めるためには,未知の関数 $u(x)$ を導入して,$y = u(x)e^{\lambda_1 x}$ とおき,まず,y' と y'' を次のように

$$y' = u'(x)e^{\lambda_1 x} + \lambda_1 u(x)e^{\lambda_1 x}$$
$$y'' = u''(x)e^{\lambda_1 x} + 2\lambda_1 u'(x)e^{\lambda_1 x} + \lambda_1^2 u(x)e^{\lambda_1 x}$$

計算して求め,これらの y' と y'' を式 (4.55) に代入すると,$e^{\lambda_1 x}$ を省略するが,次の式ができます.

$$u''(x) + (2\lambda_1 + a)u'(x) + (\lambda_1^2 + a\lambda_1 + b)u(x) = 0 \tag{4.62}$$

この式 (4.62) の λ_1 は式 (4.58) の解の λ となるので,$\lambda_1^2 + a\lambda_1 + b = 0$

となり，第 2 項はゼロになります．また，重根なので元々 $\lambda_1 = -a/2$ だから，$2\lambda_1 + a = 0$ が成り立つので，結局，式 (4.62) はゼロになり，次の式が成り立ちます．

$$u''(x) = 0$$

これを積分すると，$u'(x) = c_1$, $u(x) = c_1 x + c_2$ となります．

したがって，$u(x)$ を y の式 $y = u(x)e^{\lambda_1 x}$ に代入すると，y の一般解は次のように求まります．

$$y_G = (c_1 x + c_2)e^{\lambda_1 x} \tag{4.63}$$

なお，この式 (4.63) の y_G が解になることは，これを式 (4.55) に代入してみれば確かめることができます．

③ $a^2 < 4b$ のとき：この場合には，$\sqrt{}$ の項が虚数になるので，解は $\alpha \pm i\beta$ の形になります．そして，ここでは $\alpha = -a/2$, $\beta = \pm\sqrt{a^2 - 4b}$ となります．したがって，微分方程式の 2 つの解は次のようになります．

$$e^{\lambda_1 x} = e^{\alpha x + i\beta x}, \quad e^{\lambda_2 x} = e^{\alpha x - i\beta x} \tag{4.64}$$

したがって，微分方程式 (4.55) の一般解 y_G は，次の式で得られることがわかります．

$$y_G = e^{\alpha x}(c_{01} e^{i\beta x} + c_{02} e^{-i\beta x}) \tag{4.65}$$

ここでは，次に示す式との関係で，係数に c_1 と c_2 ではなく c_{01} と c_{02} を使いました．

また，オイラーの公式 ($e^{i\theta} = \cos\theta + i\sin\theta$) を使うと，途中経過は省略しますが，一般解は，次の式で書き表すことができます．

$$y_G = e^{\alpha x}(c_1 \cos\beta x + c_2 \sin\beta x) \tag{4.66}$$

ここで，c_1 と c_2 は $c_1 = c_{01} + c_{02}$, $c_2 = i(c_{01} - c_{02})$ としています．

解き方の説明は以上で終わりですが，ここで 1 つだけ次の簡単な例題を解いておきます．

$$y'' + 5y' + 4y = 0 \tag{4.67}$$

この式の解を $y = e^{\lambda x}$ とおいて，式 (4.67) に代入して演算すると，特性方程式 $\lambda^2 + 5\lambda + 4 = 0$ が得られます．この式は因数分解すると $\lambda^2 + 5\lambda + 4 =$

$(\lambda+4)(\lambda+1) = 0$ となるので,λ として -4 と -1 が求まります.したがって,同次方程式の一般解は, $y_G = c_1 e^{-4x} + c_2 e^{-x}$ となります.

4.3.3 定係数2階線形微分方程式の非同次方程式の解法

ここでは 4.3 節の最初に示した次の定係数の微分方程式を使って,非同次方程式の解法を説明することにします.

$$y'' + ay' + by = R(x) \tag{4.52}$$

この非同次方程式の解は,右辺の非同次項をゼロとおいた同次方程式の一般解 $y_G(x)$ と式 (4.52) の非同次方程式の特解 $y_P(x)$ の和 $y_G(x) + y_P(x)$ で与えられます.この場合には特解を勘で見つけることはほとんど不可能なので,未定係数法と定数変化法を使って解くのが一般的です.そこで,ここではこの 2 つの解法について説明することにします.

・**未定係数法**

定係数 2 階線形微分方程式には,右辺の非同次項が多項式,指数関数,三角関数の場合が多いのですが,このような場合には未定係数法の適用が有効です.そこで,未定係数法の説明のために,例題の非同次方程式として,次の微分方程式を使うことにします.

$$y'' + y = xe^x \tag{4.68}$$

この非同次方程式 (4.68) の一般解を求めるためには,同次方程式の一般解が必要になりますので,まず次の同次方程式の解を求めておくことにします.

$$y'' + y = 0 \tag{4.69}$$

この式の解を $y = e^{\lambda x}$ として特性方程式を求めると,$\lambda^2 + 1 = 0$ となります.この 2 次方程式の解は $\lambda = \pm i$ なので,同次方程式の一般解 $y_G(x)$ は,$y_G(x) = c_{01} e^{ix} + c_{02} e^{-ix}$ となります.ここで解にオイラーの公式を適用して指数関数を三角関数に変換すると,一般解 $y_G(x)$ は $y_G(x) = c_{01}(\cos x + i \sin x) + c_{02}(\cos x - i \sin x) = c_1 \cos x + c_2 \sin x$ となります.ここで,$c_{01} + c_{02} = c_1$,$i(c_{01} - c_{02}) = c_2$ とおきました.

さて,非同次方程式への未定係数法の適用ですが,式 (4.68) をみると,右辺の非同次項は xe^x ですので,一般解 y として $y = (Ax + B)e^x$ を仮定することにし

ます．この y を非同次方程式の式 (4.68) に代入することにします．それには，y' と y'' を求めておく必要があるので，これを実行すると $y' = (Ax + A + B)e^x$，$y'' = (Ax + 2A + B)e^x$ となります．y と y'' を式 (4.68) に代入すると，次の式が得られます．

$$\{2Ax + 2(A+B)\}e^x = xe^x \tag{4.70}$$

この式 (4.70) の左右の式は等しくならなければなりませんので，$2A = 1$ と $2(A+B) = 0$ の2つの式が得られ，これらの関係から A と B は $A = 1/2$，$B = -1/2$ となります．したがって，非同次方程式の特解はこれを y_P とすると，仮定した解の y の式 $y = (Ax+B)e^x$ に A と B の値を代入して，$y_P = (1/2)(x-1)e^x$ と求まります．

したがって，非同次方程式の一般解は，先に求めた同次方程式の一般解を加えて，次の式で与えられます．

$$y_G = \frac{1}{2}(x-1)e^x + c_1 \cos x + c_2 \sin x \tag{4.71}$$

なお，この式の係数 c_1 と c_2 の値は，非同次方程式の初期条件がわかれば求めることができます．

・宿題の吊り鐘の微分方程式を解く

次に例題として，次の微分方程式を解くことにします．

$$\frac{d^2y}{dt^2} + \omega_0^2 y = F\cos\omega t \tag{4.72}$$

この微分方程式は，この章の最初に 4.1.1 項で示した，吊り鐘の振動の問題を解くために用いた微分方程式 (4.2) と同じです．前の 4.1.1 項ではこの微分方程式の解き方を省略したので，ここで詳しく説明することにします．

この非同次方程式の（形の）微分方程式では，非同次項が $F\cos\omega t$ となっているので，ここでは特解 y_P を，A を未定係数として，$y_P = A\cos\omega t$ と仮定することにします．ここで，非同次方程式の左辺の ω_0 は振動子の固有角振動数で，右辺の ω は強制振動を与える外力による振動の角振動数です．

仮定した特解の y_P を t で1回微分すると，$y_P' = -A\omega\sin\omega t$ となり，2回微分すると，$y_P'' = -A\omega^2 \cos\omega t$ となります．y_P と y_P'' を例題の非同次方程式 (4.72) に代入すると，次の式が得られます．

$$(-\omega^2 + \omega_0^2)A\cos\omega t = F\cos\omega t \tag{4.73}$$

この式において左右の係数を等しいとおくと，係数 A は，$\omega \neq \omega_0$ という条件で，次のように求まります．

$$A = \frac{F}{\omega_0^2 - \omega^2} \tag{4.74}$$

この結果，$\omega \neq \omega_0$ という条件の下で非同次方程式の特解 y_P は，次のように決まります．

$$y_P(t) = \frac{F}{\omega_0^2 - \omega^2}\cos\omega t \tag{4.75}$$

また，同次方程式は次のようになります．

$$y'' + \omega_0^2 y = 0 \tag{4.76}$$

この式の特性方程式は，これまで何回も説明したように，$\lambda^2 + \omega_0^2 = 0$ となります．だから，λ は $\lambda = \pm i\omega_0$ となります．そして，途中の演算を省略しますが，この同次方程式の一般解 y_G は，$y_G = c_1\cos\omega_0 t + c_2\sin\omega_0 t$ となります．したがって，非同次方程式の一般解は，この特解に同次方程式の一般解を加えて，次の式で表されます．

$$y_G(t) = \frac{F}{\omega_0^2 - \omega^2}\cos\omega t + c_1\cos\omega_0 t + c_2\sin\omega_0 t \tag{4.77}$$

この解の式 (4.77) は物理的には次のような内容をもっています．すなわち，その運動が式 (4.72) の同次方程式（微分方程式）で表される振動となる，外力を受けた振動子は，外力の角振動数 ω が固有振動数 ω_0 と等しくなければ固有角振動数で振動を続けます．しかし，外力の角振動数 ω が固有振動数 ω_0 に近づくと，振動子の振動の振幅が徐々に大きくなり，両者が一致すると（抵抗が存在しなければ）振動の振幅が無限大に発散する，つまり共振を起こし，振動の揺れがきわめて大きくなります．

- **非同次項の角振動数 ω が同次方程式の角振動数 ω と一致するときの解の性質**

式 (4.77) で示す一般解は $\omega = \omega_0$ のときは成り立ちませんので，このときの解を求めておきましょう．$\omega = \omega_0$ の条件を充たすときには，非同次方程式 (4.72) の解は右辺の非同次項と一致しますが，このような場合にもう 1 つの解を求めるには，4.3.2 項で説明した，重解の場合にもう 1 個の解を求める方法が使えます．この場合の変数は t ですから，解となりえる $\cos\omega_0 t$ と $\sin\omega_0 t$ に t を掛けて，特

解 y を次のように仮定することにします．

$$y(t) = At\cos\omega_0 t + Bt\sin\omega_0 t \tag{4.78}$$

すると，1階微分 y' と2階微分 y'' は，次のようになります．

$$y' = A\cos\omega_0 t - A\omega_0 t\sin\omega_0 t + B\sin\omega_0 t + B\omega_0 t\cos\omega_0 t$$

$$y'' = -2A\omega_0 \sin\omega_0 t - A\omega_0^2 t\cos\omega_0 t + 2B\omega_0 \cos\omega_0 t - B\omega_0^2 t\sin\omega_0 t$$

これらを，式 (4.72) の右辺の ω を ω_0 に変えた式に代入して演算すると，次の式が得られます．

$$-2A\omega_0 \sin\omega_0 t + 2B\omega_0 \cos\omega_0 t = F\cos\omega_0 t \tag{4.79}$$

この式が成り立つためには，$A = 0$，$B = F/2\omega_0$ でなければなりませんので，特解 y_P は次のように決まります．

$$y_P(t) = \frac{F}{2\omega_0} t\sin\omega_0 t \tag{4.80}$$

4.3.2項における説明では，重根の場合の解として2個求めたのに，ここではなぜ1個だけで特解を決めるのか？と不審に思っておられる読者がいるかもしれません．しかし，特解は1個でも特解ですので，ここではこの問題の特徴をみるために有効な方の特解を求めたわけです．以上の結果，$\omega = \omega_0$ のときには，式 (4.72) の解 $y(t)$ は，同次方程式の一般解を加えて，次のようになります．

$$y(t) = \frac{F}{2\omega_0} t\sin\omega_0 t + c_1 \cos\omega_0 t + c_2 \sin\omega_0 t \tag{4.81}$$

この式 (4.81) を使って，$\omega = \omega_0$ のときに振動子に起こる現象を説明しますと，外力の角振動数 ω が振動子の固有振動数 ω_0 に近づいて一致したときには，振動子はもちろん ω_0 で振動します．このとき，振動の振幅は $(F/2\omega_0)t$ ですから，時間 t の経過とともに振幅が急激に増大します．すなわち，振動子は短時間のうちに大きく振れるようになるのです．この様子は先に図 4.1 に示した通りです．

・**定数変化法**

2階線形微分方程式の非同次方程式の一般解を求める，もう1つの強力な方法に定数変化法があります．この方法の用法は2階線形微分方程式の場合も，基本的には1階線形微分方程式の場合と同じですが，導関数が2階になりますので，

多少複雑になります．基本的な解き方としては，このあと説明するように，2階微分方程式を，特解の性質を利用し，ある種のチョットした技巧をこらして，1階微分方程式を組み合わせた連立方程式に書き換え，それぞれの1階微分方程式を解きます．

しかし，微分方程式によっては，この基本的な解き方を用いなくても，さらに解きやすい方法が見つかれば，それを使って解いても構いません．この方法については，あとで一例を示すことにします．

さて，ここではわかりやすさを優先させて，例題を解きながら説明することにしますので，例題として次の微分方程式を解くことにします．

$$y'' - 4y' + 3y = e^{-x} \tag{4.82}$$

この式では，もちろん y は x の関数です．微分方程式を解く常道に従って，まず，同次方程式の一般解を求めます．

すなわち，式 (4.82) の右辺の非同次項をゼロとおいた，次の同次方程式

$$y'' - 4y' + 3y = 0 \tag{4.83}$$

を解きます．この同次方程式の特性方程式は $\lambda^2 - 4\lambda + 3 = 0$ となりますが，因数分解すると $(\lambda - 3)(\lambda - 1) = 0$ となるので，λ の解は3と1です．だから，同次方程式の一般解は，c_1 と c_2 を係数として，次のように求まります．

$$y_G = c_1 e^{3x} + c_2 e^x \tag{4.84}$$

定数変化法では，この係数 c_1 と c_2 を x の関数とみなして，$c_1(x)$ と $c_2(x)$ と x の関数に変更します．そして，一般解 y_G が次の式 (4.85) で表されると仮定します．

$$y_G = c_1(x)e^{3x} + c_2(x)e^x \tag{4.85}$$

この y を非同次の微分方程式に代入して，$c_1(x)$ と $c_2(x)$ を決定して解を求めます．

さて，この式 (4.85) の y を1回および2回微分すると，次の式が得られます．

$$y'_G = \{c'_1(x) + 3c_1(x)\}e^{3x} + \{c'_2(x) + c_2(x)\}e^x$$
$$y''_G = \{c''_1(x) + 6c'_1(x) + 9c_1(x)\}e^{3x} + \{c''_2(x) + 2c'_2(x) + c_2(x)\}e^x$$

この y'_G と y''_G を非同次方程式の式 (4.82) に代入すると，途中の演算経過は省略

しますが，次の式が得られます．

$$\{c_1''(x) + 2c_1'(x)\}e^{3x} + \{c_2''(x) - 2c_2'(x)\}e^x = e^{-x} \tag{4.86}$$

この式は c_1 と c_2 の2階導関数が含まれていて，解くのは容易ではありません．そこで，この式 (4.86) に少し工夫をこらして，この式の左辺を次のように書き換えます．

$$\begin{aligned}
左辺 &= c_1''(x)e^{3x} + c_2''(x)e^x + 2c_1'(x)e^{3x} - 2c_2'(x)e^x \\
&= \frac{d}{dx}\{c_1'(x)e^{3x} + c_2'(x)e^x\} - c_1'(x)e^{3x} - 3c_2'(x)e^x
\end{aligned}$$

そして，得られた新しい左辺を右辺の e^{-x} と等しいとおいた，次の式を解きます．

$$\frac{d}{dx}\{c_1'(x)e^{3x} + c_2'(x)e^x\} - c_1'(x)e^{3x} - 3c_2'(x)e^x = e^{-x} \tag{4.87}$$

この式 (4.87) を解くには，まず特解の性質を利用します．というのは，特解は非同次方程式を充たしさえすれば，どんな解でもよいので，式 (4.87) の d/dx のあとの括弧 { } の中をゼロとおいて特解を求めることにするのです．こうして括弧の中の式をゼロとおいた式と，残りのそのほかの項による式の，次の2つの式

$$c_1'(x)e^{3x} + c_2'(x)e^x = 0 \tag{4.88a}$$

$$-c_1'(x)e^{3x} - 3c_2'(x)e^x = e^{-x} \tag{4.88b}$$

を連立方程式とみなして解くのです．

式 (4.88a)，(4.88b) を $c_1'(x)$ と $c_2'(x)$ の単なる連立方程式とみなして解くと，$c_1'(x)$ と $c_2'(x)$ は，次のように求められます．

$$c_1'(x) = \frac{1}{2}e^{-4x}, \quad c_2'(x) = -\frac{1}{2}e^{-2x} \tag{4.89}$$

これらの微分方程式は1階ですから簡単に解けて，次のように求まります．

$$c_1(x) = -\frac{1}{8}e^{-4x} + c_1, \quad c_2(x) = \frac{1}{4}e^{-2x} + c_2 \tag{4.90}$$

これらの $c_1(x)$ と $c_2(x)$ を解と仮定した式 (4.85) の y の式に代入して演算すると，一般解として y_G は，次の式で表されることがわかります．

$$y_G = \frac{1}{8}e^{-x} + c_1 e^{3x} + c_2 e^x \tag{4.91a}$$

以上で，定数変化法による解は得られたのですが，この解は別の方法でも得ることができます．例えば，同じく特解の性質を利用して，式 (4.86) において，e^{3x} の係数 $c_1''(x) + 2c_1'(x)$ をゼロとおいた式と，残りの式 $\{c_2''(x) - 2c_2'(x)\}e^x = e^{-x}$ を使って解くのです．

すると，$c_1''(x) + 2c_1'(x) = 0$ の特性方程式は $\lambda^2 + 2\lambda = 0$ となるので，λ の解は 0 と -2 になり，係数を c_{01} と c_{02} として，一般解 $c_1(x)$ は $c_1(x) = c_{01} + c_{02}e^{-2x}$ と求まります．また，残りの式の $\{c_2''(x) - 2c_2'(x)\}e^x = e^{-x}$ は $c_2''(x) - 2c_2'(x) = e^{-2x}$ となるので，$c_2(x) = Ae^{-2x}$ とおいてこの式に代入して A を求めると，$A = 1/8$ となります．したがって，特解が $c_2(x) = (1/8)e^{-2x}$ と求まります．

以上の結果，一般解 y_G は，この特解 $c_2(x)$ と，先の一般解 $c_1(x)$ を式 (4.85) の y の式に代入して，次のように決まります．

$$\begin{aligned} y_G &= (c_{01} + c_{02}e^{-2x})e^{3x} + \frac{1}{8}e^{-2x}e^x \\ &= c_{01}e^{3x} + c_{02}e^x + \frac{1}{8}e^{-x} \end{aligned} \tag{4.91b}$$

前の方法で得た解の式 (4.91a) とあとの方法の式 (4.91b) を比較すると，係数の c_1 と c_2 が，それぞれ c_{01} と c_{02} に等しければ両者は完全に一致して，この解も正しいことがわかります．

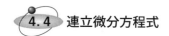 連立微分方程式

4.4.1 連立微分方程式の構成と特徴

連立微分方程式は微分方程式に使われる未知関数が，例えば $y(x)$ のように 1 個でなくて，複数個存在する微分方程式です．ここでは複雑さを避けて連立 1 階微分方程式について説明しますが，これを未知関数が 2 個の $y = y(x)$ と $z = z(x)$ の場合で示すと，連立微分方程式は次の式で表されます．

$$\begin{cases} y' = P_1(x)y + Q_1(x)z + R_1(x) & (4.92a) \\ z' = P_2(x)y + Q_2(x)z + R_2(x) & (4.92b) \end{cases}$$

これらの式の右辺の $R_1(x)$ と $R_2(x)$ は非同次項でこれらがゼロの場合には同次形，ゼロでない場合は非同次形とよばれます．

そして，ここで扱う定係数連立 1 階線形微分方程式は，式 (4.92a)，(4.92b) の

係数 $P(x)$ と $Q(x)$ を定数の a_{ij} などで置き換えた，次に示すような微分方程式です．

$$\begin{cases} y' = a_{11}y + a_{12}z + R_1(x) & \text{(4.93a)} \\ z' = a_{21}y + a_{22}z + R_2(x) & \text{(4.93b)} \end{cases}$$

もちろん連立微分方程式には複数階の導関数を使った連立高階微分方程式もありますが，これについては複雑なので，ここでは扱わないことにします．

連立方程式の重要な性質は，ある階の連立微分方程式が，より高階の1個の常微分方程式に変形できることです．あとで示すように，例えば1階の定係数線形連立微分方程式は1個の2階常微分方程式に変形することができます．

また，連立方程式では微分記号 d/dx に記号 D がしばしば使われます．この記号 D は微分演算子とよばれるものです．演算子というのは，記号の後に書いてある関数 $f(x)$ に何らかの作用をするもので，これは数学や物理学ではよく使われる記号です．例えば，式 (4.93a), (4.93b) の連立微分方程式は，微分演算子 D を使うと，次のように書けます．

$$\begin{cases} (D - a_{11})y - a_{12}z = R_1(x) & \text{(4.94a)} \\ -a_{21}y + (D - a_{22})z = R_2(x) & \text{(4.94b)} \end{cases}$$

ここで，この連立微分方程式 (4.94a), (4.94b) を変形して2階常微分方程式を作ってみることにします．式 (4.94a) の両辺に $(D - a_{22})$ を掛け，式 (4.94b) の両辺に a_{12} を掛けて，辺々加えると次の式ができます．

$$\{(D - a_{22})(D - a_{11}) - a_{12}a_{21}\}y = (D - a_{22})R_1 + a_{12}R_2 \tag{4.95}$$

ここでは $R_1(x)$ と $R_2(x)$ を簡潔に R_1, R_2 としました．

この式 (4.95) を書き換え，かつ，D を d/dx に戻すと次の式ができます．

$$\frac{d^2y}{dx^2} - (a_{11}+a_{22})\frac{dy}{dx} + (a_{11}a_{22} - a_{12}a_{21})y = \frac{dR_1}{dx} - a_{22}R_1 + a_{12}R_2 \tag{4.96}$$

この式は非同次の定係数2階線形微分方程式であることがわかります．

4.4.2 連立微分方程式の解法の基本と具体的な解法

・解法の基本

連立微分方程式の解も基本的には常微分方程式の場合と同じようにして求めら

れます．すなわち，同次形であれば一般解を求めます．また，非同次形であれば特解を求め，これに非同次項をゼロとおいた同次形の一般解を加えて，一般解とします．解法の説明は例題を使い，例題を解きながら説明することにします．

・同次形の解法

例題としては連立微分方程式 (4.94a), (4.94b) において，$a_{11} = 1$, $a_{12} = 4$, $a_{21} = 1$, $a_{22} = 1$ とおき，かつ，非同次項の R_1 と R_2 をゼロとした，次の式を使うことにします．

$$\begin{cases} (D-1)y - 4z = 0 & (4.97a) \\ -y + (D-1)z = 0 & (4.97b) \end{cases}$$

この式 (4.97a) の両辺に $(D-1)$ を掛け，式 (4.97b) の両辺に 4 を掛けて辺々加えると，次のように 2 階線形常微分方程式ができます．

$$(D^2 - 2D - 3)y = 0 \tag{4.98a}$$

$$\frac{d^2 y}{dx^2} - 2dydx - 3y = 0 \tag{4.98b}$$

$$(D+1)(D-3)y = 0 \tag{4.98c}$$

これらの 3 個の式 (4.98a), (4.98b), (4.98c) は同じ式ですが，説明の都合上 3 個書きました．

この式の特性方程式を因数分解したものは式 (4.98c) と同じ形になり，$(\lambda + 1)(\lambda - 3) = 0$ となります．だから，λ の解は -1 と 3 だから，y の一般解は $y = c_1 e^{-x} + c_2 e^{3x}$ となります．次に z を求めますが，それにはこの y を式 (4.97a) に代入し z を求めると，$z = -(1/2)c_1 e^{-x} + (1/2)c_2 e^{3x}$ となります．

・非同次形の解法

次に非同次形に進みますが，この例題には次の連立方程式を使います．

$$\begin{cases} \dfrac{dy}{dx} + \dfrac{dz}{dx} = y + e^x & (4.99a) \\ \dfrac{dz}{dx} = -2y - 2z + x & (4.99b) \end{cases}$$

この微分方程式は演算子記号の D を使い，かつ少し書き換えると，次のようになります．

$$\begin{cases} (D-1)y + Dz = e^x & (4.100a) \\ 2y + (D+2)z = x & (4.100b) \end{cases}$$

4.4 連立微分方程式

この式 (4.100) の第1式の両辺に $(D+2)$ を掛け，第2式の両辺に D を掛けて辺辺引き算し，少し演算すると，次の式が得られます．

$$D^2 y - Dy - 2y = 3e^x - 1$$

この式を，D を d/dx に戻して書くと，同次式と非同次式は次のようになります．

$$\frac{d^2 y}{dx^2} - \frac{dy}{dx} - 2y = 0 \tag{4.101a}$$

$$\frac{d^2 y}{dx^2} - \frac{dy}{dx} - 2y = 3e^x - 1 \tag{4.101b}$$

式 (4.101a) の同次形の特性方程式はこれまで使ってきた方法によって，$\lambda^2 - \lambda - 2 = 0$ となるので，因数分解すると $(\lambda + 1)(\lambda - 2) = 0$ となります．だから，λ の解は -1 と 2 になり，y の一般解は $y = c_{01} e^{-x} + c_{02} e^{2x}$ となります．

一方，式 (4.101b) の非同次形の特解は，4.3.3項に述べた2階定係数線形微分方程式の未定係数法に従って，非同次項が $3e^x - 1$ ですので，y を $y = Ae^x + B$ とおいて，式 (4.101b) に代入します．この場合，$dy/dx = Ae^x$，$d^2 y/dx^2 = Ae^x$ となるから，この式への代入を実行すると $-2Ae^x - 2B = 3e^x - 1$ となります．この式から，$-2A = 3$，$-2B = -1$ の関係が得られます．この関係から，$A = -3/2$，$B = 1/2$ と A と B 決まるので，y の特解は $-3/2 e^x + 1/2$ となり，一般解は次の式で与えられることがわかります．

$$y_G = -\frac{3}{2} e^x + \frac{1}{2} + c_{01} e^{-x} + c_{02} e^{2x} \tag{4.102}$$

次に z ですが，z を求めるためには課題の微分方程式 (4.99a)，(4.99b) をみて，z が得られやすい式を導きます．これには，式 (4.99a)，(4.99b) から dz/dx を消去します．すると次の式が得られます．

$$\frac{dy}{dx} - 3y - 2z + x - e^x = 0 \tag{4.103}$$

この式 (4.103) から z を求め，求めた z の式に y_G を代入すると，z は次のようになり

$$z = \frac{1}{2} \frac{dy_G}{dx} - \frac{3}{2} y_G + \frac{1}{2} x - \frac{1}{2} e^x \tag{4.104a}$$

$$= e^x - \frac{3}{4} + \frac{1}{2} x - 2 c_{01} e^{-x} - \frac{1}{2} c_{02} e^{2x} \tag{4.104b}$$

z の解が，式 (4.104b) に示すように求まります．

演 習 問 題

4.1 次の微分方程式の一般解を求めよ．
$$\text{a. } y' = -3y \qquad \text{b. } xy' = 2x + y$$

4.2 次の微分方程式を，未定係数法を用いて解き，一般解を求めよ．
$$y' - y = e^{-x}$$

4.3 次の微分方程式を，定数変化法を用いて解け．
$$xy' - y = x^2$$

4.4 次の微分方程式の一般解を求めよ．
$$\text{a. } y'' - 4y' + 4y = 0 \qquad \text{b. } y'' + 3y' + 4y = 0$$

4.5 次の微分方程式を解き，一般解を導出せよ．
$$y'' - 4y' + 3y = e^{-x}$$

4.6 次の微分方程式を，定数変化法を使って解いて一般解を求めたあと，解が正しいことを，未定係数法を用いて確認せよ．
$$y'' + 3y' + 2y = xe^x$$

4.7 次の同次形の連立微分方程式の一般解を求めよ．
$$\begin{cases} \dfrac{dy}{dx} = -3y - 2z \\ \dfrac{dz}{dx} = 2y + z \end{cases}$$

4.8 次の非同次形の連立微分方程式の一般解を求めよ．
$$\begin{cases} \dfrac{dy}{dx} = y - 2z - e^x \\ \dfrac{dz}{dx} = -3y + 2z - x \end{cases}$$

Chapter 5

フーリエ解析

　複雑な振動などの物理現象を解析し，調査する方法にフーリエ解析がありますが，フーリエ解析を行う数学的な道具はフーリエ級数とフーリエ変換になります．この章では，この 2 つの項目を中心に学びます．具体的な項目に入る前に，フーリエ解析とはなにか？とフーリエ解析が生まれたいきさつについて簡潔に見ておきます．このあとまず，関数を三角関数で展開して表すフーリエ級数とこの級数の係数であるフーリエ係数について説明します．変数が複素数の場合の複素フーリエ級数についても説明し，物理学における複素フーリエ級数の重要性を指摘しておきます．続いて，フーリエ解析にも使われる特異な関数の，ディラックのデルタ関数について紹介したあと，フーリエ変換について説明します．最後にフーリエ変換に関連が深く，微分方程式の解法にも使えるラプラス変換について簡単に説明することにします．

5.1 フーリエ解析の内容と誕生の経緯

・フーリエ解析とは？

　物理学や工学，そして脳医学などでは複雑な振動現象がしばしば問題になります．それらは，あるときは地震の揺れであり，あるときは複雑な機械の振動であったりします．また，振動の波形が病気などの診断で検査する脳波の場合もあります．これらの振動の信号波形は一般にはきわめて複雑で，一見したところでは雑音にしか見えない場合も少なくありません．

　このような複雑な振動も，その波形がどのような振動が組み合わさって構成されているかがわかれば，その振動現象の本質を突き止めることも可能になります．この波形の解析などに，ここで述べるフーリエ級数展開が利用できるのです．こうしたフーリエ級数展開を使って振動現象などを調べる手法がフーリエ解析とよばれています．

　関数のフーリエ級数展開は，このあと説明する，第一義的には展開する元の関数の周期が，2π の周期関数である関数に適用されます．しかし，ある種の工夫を

こらせば振動波の周期は 2π でなくて，任意の値の振動周期であってもフーリエ級数展開は可能です．また，周期関数でない関数の場合にもフーリエ変換はできますので，フーリエ解析を行うことは可能です．

・**フーリエ解析はどのようにして生まれたか？**

　フーリエ解析の手法はフランス人のフーリエ（J.B.J. Fourier, 1768–1830）が発見しました．フーリエは貧しい仕立て職人の子として生まれ，ほどなく両親にも死なれて孤児になりました．そのあと，修道院に引き取られ，そこで熱心に勉強して勉強が好きになったといわれています．修道院では修行もあり，夜は消灯規則のために勉強の時間が制限されて，ずいぶん苦労したようです．彼は消灯の制約を逃れるために，トイレにローソクを持ち込んで読書と勉学にふけったとの逸話が伝わっています．フーリエはよほど勉強好き，本好きであったと見えます．

　フーリエはそのあと，陸軍士官学校を卒業しています．当時は普通なら身分の低い出身の彼には卒業しても活躍の場所は与えられなかったのですが，このとき，幸運にもフランス革命（1789）が起こりました．革命政府は実力主義でしたので，革命政権が設立した理工科大学の助手に採用されたのです．それからのフーリエは順風満帆で，ナポレオンの信任も篤かったために多方面で活躍しています．

　ちょうどその頃，フンランス学士院が懸賞（科学）論文を募集しました．このときフーリエが応募し，グランプリを得た論文のタイトルが「熱の数学的理論」というものでした．実は，この論文の中にフーリエ級数やフーリエ変換の基本概念が述べられていたのです．この論文が公表されたのは 1811 年のことでした．この論文の中でフーリエは'どんな関数でも三角関数の級数で表現できる'と述べています．フーリエ級数展開では普通は周期関数に限られるのですが，確かにフーリエ変換ではこの制限はありません．

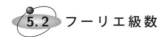

5.2　フーリエ級数

5.2.1　周期関数の三角関数による級数展開

　いま，図 5.1 に示すような，周期関数 $f(x)$ があるとします．フーリエによると，この関数 $f(x)$ は次のように三角関数の級数を使って展開できます．

5.2 フーリエ級数

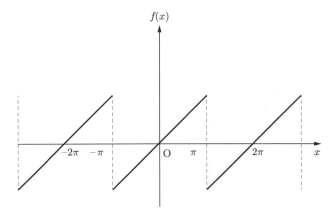

図 5.1 フーリエ級数に展開される周期関数 $f(x)$

$$f(x) = \frac{a_0}{2} + a_1 \cos x + a_2 \cos 2x + \cdots + a_n \cos nx + \cdots$$
$$+ b_1 \sin x + b_2 \sin 2x + \cdots + b_n \sin nx + \cdots$$
$$= \frac{a_0}{2} + \sum_{n=1}^{\infty} (a_n \cos nx + b_n \sin nx) \tag{5.1}$$

この式 (5.1) がフーリエ級数とよばれるものです．

そして，各係数の a_0, a_n, および b_n は，それぞれ次の式で表され，フーリエ係数とよばれます．

$$a_0 = \frac{1}{\pi} \int_{-\pi}^{\pi} f(x) dx \tag{5.2}$$

$$a_n = \frac{1}{\pi} \int_{-\pi}^{\pi} f(x) \cos nx \, dx \tag{5.3}$$

$$b_n = \frac{1}{\pi} \int_{-\pi}^{\pi} f(x) \sin nx \, dx \tag{5.4}$$

これらの係数 a_0, a_n, b_n がなぜ式 (5.2), (5.3), および (5.4) で表されるかは，次の項で説明することにします．

ここでは，関数 $f(x)$ が式 (5.1) の形に三角関数の級数で表される妥当性を，例題を使って調べておきましょう．関数 $f(x)$ としては，図 5.1 に示す，周期 2π の関数 $f(x) = x$ を仮定することにします．

まず，フーリエ係数を決めることにしますと，a_0 は式 (5.2) を使って，次のようになります．

$$a_0 = \frac{1}{\pi} \int_{-\pi}^{\pi} x dx = \frac{1}{2}\pi[x^2]_{-\pi}^{\pi} = 0 \tag{5.5}$$

また，a_n と b_n は次のようになります．

$$\begin{aligned}
a_n &= \frac{1}{\pi} \int_{-\pi}^{\pi} x \cos nx dx \\
&= \frac{1}{n\pi}[x \sin nx]_{-\pi}^{\pi} - \frac{1}{n\pi} \int_{-\pi}^{\pi} \sin nx dx \\
&= 0 + \frac{1}{n\pi}\frac{1}{n}[\cos nx]_{-\pi}^{\pi} = 0 \\
b_n &= \frac{1}{\pi} \int_{-\pi}^{\pi} x \sin nx dx \\
&= \frac{1}{\pi} \left(\frac{1}{n}[-x \cos nx]_{-\pi}^{\pi} - \frac{1}{n} \int_{-\pi}^{\pi} -\cos nx dx \right) \\
&= \frac{1}{\pi} \left\{ -\frac{2\pi}{n}(-1)^n - \frac{1}{n}\frac{1}{n}[\sin nx]_{-\pi}^{\pi} \right\} = -\frac{2}{n}(-1)^n
\end{aligned} \tag{5.6}$$
$$\tag{5.7}$$

ここで，係数 a_n についての $x\cos nx$ の積分と係数 b_n についての $x\sin nx$ の積分では，次の部分積分の公式を使いました（$f(x) = x$ とおいています）．

$$\int_{-\pi}^{\pi} f(x)g'(x)dx = [f(x)g(x)]_{-\pi}^{\pi} - \int_{-\pi}^{\pi} f'(x)g(x)dx \tag{5.8}$$

したがって，式 (5.5), (5.6), および (5.7) の係数 a_0, a_n, および b_n を使うと，a_0 と a_n はゼロだから，残るのは b_n だけになり，式 (5.1) で表される関数 $f(x)$ のフーリエ級数は，次のようになります．

$$f(x) = 2\sin x - \sin 2x + \frac{2}{3}\sin 3x - \frac{1}{2}\sin 4x + \cdots + \tag{5.9}$$

この式 (5.9) は一見したところでは，$f(x) = x$ とはずいぶん異なっています．$f(x) = x$ は図に描くと，図 5.1 に示すように，原点を通る直線になります．式 (5.9) の $f(x)$ は図示するとどうなるのでしょうか？ これを調べてみましょう．

まず，式 (5.9) の第 1 項のみを図に描くと，これは正弦（sin）曲線ですから，図 5.2(a) に示すように，曲線で示すようになります．しかし，式 (5.9) の第 4 項まで集めてそれらを加えてできる曲線を描くと，図 5.2(b) に実線で示すようになり，図 5.1 に描いた原点を通る直線に近づいてきます．なお，図 (b) の破線は式 (5.9) の第 4 項だけを描いたものです．

だから，式 (5.9) の式において集める級数の項数を無限に近く多くしていくと，

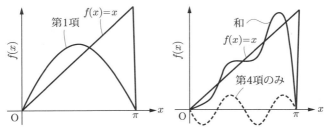

図 5.2 フーリエ級数の第 1 項 (a) と第 4 項までの加算和 (b)

その和の曲線は限りなく $f(x) = x$ の直線に漸近することが推定できます．したがって，フーリエの主張は正しく，式 (5.1) に示すように，$f(x)$ は三角関数の展開式で表せることがわかります．

・フーリエ余弦級数とフーリエ正弦級数

フーリエ係数の a_n や b_n などは，これまでに見てきたように，2 つの関数の積の定積分の形になっています．一般に，積分範囲が正負の等しい区間にまたがる積分では，定積分の値は被積分関数が偶関数か奇関数かによってその値が大きく異なります．フーリエ係数の積分計算では，関数 $f(x)$ に $\cos nx$ または $\sin nx$ を掛けたものが，$-\pi$ から π まで積分されています．

三角関数が余弦 ($\cos nx$) 関数の場合には，$\cos(-nx) = \cos nx$ となって $\cos nx$ は偶関数 ($f(-x) = f(x)$) であることがわかります．関数 $f(x)$ が偶関数なら，余弦関数との積 $f(x) \cos nx$ は偶 × 偶 = 偶となって偶関数になります．しかし，正弦 ($\sin nx$) 関数は奇関数 ($f(-x) = -f(x)$) ですから，$f(x) \sin nx$ は偶 × 奇 = 奇となって奇関数になります．一方，関数 $f(x)$ が奇関数なら，逆の結果になり $f(x) \cos nx$ が奇関数，$f(x) \sin nx$ は偶関数になります．

そして，$-\pi$ から π までの積分の場合には，被積分関数が奇関数のときには関数の正の領域の積分値が負の領域の積分値で相殺され，被積分関数の積分値はゼロになります．しかし，被積分関数が偶関数のときには，定積分の値はゼロにならないで一定の積分値が存在します．だから，$f(x) \cos nx$ の x による積分値は関数 $f(x)$ が偶関数のときのみ存在し，$f(x) \sin nx$ の積分値は $f(x)$ が奇関数のときのみ存在します．なお，関数 $f(x)$ に奇遇がない場合には，三角関数の奇遇だけによって，三角関数との積の関数の奇遇が決まります．

以上のことから，関数 $f(x)$ が奇関数の場合には，フーリエ係数の a_0 とは a_n

はゼロになり，係数は b_n だけしか残りませんので，関数 $f(x)$ のフーリエ級数は次のようになります．

$$f(x) = b_1 \sin x + b_2 \sin 2x + \cdots + b_n \sin nx + \cdots$$
$$= \sum_{n=1}^{\infty} b_n \sin nx \tag{5.10}$$

関数 $f(x)$ のこの形の級数の展開式 (5.10) は，フーリエ正弦級数とよばれます．

また，関数 $f(x)$ が偶関数の場合には，$f(x) \sin nx$ が奇関数になりますので，被積分関数がこの形をとる係数 b_n はゼロになります．その代わり，係数 a_0 と a_n は一般にゼロにならないで一定の積分値をもつので，関数 $f(x)$ のフーリエ級数は次のようになります．

$$f(x) = \frac{a_0}{2} + a_1 \cos x + a_2 \cos 2x + \cdots + a_n \cos nx + \cdots$$
$$= \frac{a_0}{2} + \sum_{n=1}^{\infty} a_n \cos nx \tag{5.11}$$

この形の級数の展開式 (5.11) はフーリエ余弦級数とよばれます．

この項の前に，関数 $f(x)$ が三角関数の級数で表されることの妥当性を検証しましたが，そのとき関数として $f(x) = x$ を使いました．この関数 $f(x) = x$ は奇関数ですが，検証の結果得られた展開式の式 (5.9) には，やはり余弦関数 $\cos nx$ の項は存在せずフーリエ正弦級数であることがわかります．

そこで，ここでは関数が偶関数の場合について，例題を使って見ておきましょう．偶関数としては $f(x) = x^2$ を使うことにします．この場合には係数 b_n はゼロになり，フーリエ級数はフーリエ余弦級数になることが明らかです．だから，ここでは係数 a_0 と a_n のみを計算すればそれで十分です．

まず，係数 a_0 は式 (5.2) に従って，次のように計算できます．

$$a_0 = \frac{1}{\pi} \int_{-\pi}^{\pi} x^2 dx = \frac{1}{\pi} \left[\frac{x^3}{3} \right]_{-\pi}^{\pi} = \frac{2}{3} \pi^2$$

また，係数 a_n は式 (5.3) を使って，次の式で表されます．

$$a_n = \frac{1}{\pi} \int_{-\pi}^{\pi} x^2 \cos nx dx$$

この式の積分は部分積分を使って演算すると，次のようになります（詳細は章末

の演習問題の解答に示します).

$$\int x^2 \cos nx dx = \frac{x^2}{n} \sin nx + 2\frac{x}{n^2} \cos nx - 2\frac{1}{n^3} \sin nx$$

$$\therefore \int_{-\pi}^{\pi} x^2 \cos nx dx = \left[\frac{x^2}{n} \sin nx + 2\frac{x}{n^2} \cos nx - 2\frac{1}{n^3} \sin nx\right]_{-\pi}^{\pi}$$

$$= \frac{4\pi}{n^2}(-1)^n \quad \therefore a_n = \frac{4}{n^2}(-1)^n$$

したがって，$f(x)$ のフーリエ級数は次の式で表されます．

$$f(x) = \frac{1}{3}\pi^2 - 4\cos x + \cos 2x - \frac{4}{9}\cos 3x + \frac{1}{4}\cos 4x + \cdots \tag{5.12}$$

5.2.2 フーリエ係数

・周期が 2π のとき

フーリエ係数 a_0, a_n，および b_n はそれぞれ式 (5.2)，(5.3)，および (5.4) で表されるとして，これまで天下りで使いましたが，ここではこれらのフーリエ係数を，式 (5.1) のフーリエ級数を用いて元から求め，その妥当性を見てみることにします．

まず，係数 a_n を求めるために式 (5.1) の両辺を，次のように $-\pi$ から π まで x で積分します．

$$\int_{-\pi}^{\pi} f(x) dx = \frac{a_0}{2} \int_{-\pi}^{\pi} dx + a_1 \int_{-\pi}^{\pi} \cos x dx + a_2 \int_{-\pi}^{\pi} 2x dx + \cdots + a_n \int_{-\pi}^{\pi} \cos nx dx + \cdots$$
$$+ b_1 \int_{-\pi}^{\pi} \sin x dx + a_2 \int_{-\pi}^{\pi} \sin 2x dx + \cdots + b_n \int_{-\pi}^{\pi} \sin nx dx + \cdots$$
$$\tag{5.13}$$

この式 (5.13) を検討するために，三角関数の $\sin x$ と $\cos x$ の曲線を，積分範囲の $-\pi$ から π まで見てみると，これらはそれぞれ実線と破線で図 5.3 に示すようになります．この図からわかるように，積分範囲において，2 つの曲線では x 軸の上の部分と下の部分の面積が等しくなっ

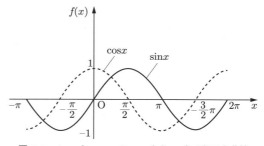

図 5.3　$\sin x$ と $\cos x$ の $-\pi$ から π までを示す曲線

ています．この結果，$\sin nx$ の曲線や $\cos nx$ の曲線を $-\pi$ から π まで x で積分すると，積分値は正の値と負の値で相殺されゼロになります．

したがって，式 (5.13) の右辺の積分は，第 1 項係数が $a_0/2$ のもののほかは，すべてゼロになりますので，次の式が成り立ちます．

$$\int_{-\pi}^{\pi} f(x)dx = a_0\pi \tag{5.14}$$

この式 (5.14) より係数 a_0 は容易に求まり，結果は式 (5.2) に等しいことがわかります．

次に a_n に進みましょう．この場合には，式 (5.1) の両辺に $\cos mx$ を掛けて，$-\pi$ から π まで x で積分します．すると，次の式ができます．

$$\int_{-\pi}^{\pi} f(x)\cos mx\,dx = \frac{a_0}{2}\int_{-\pi}^{\pi} \cos mx\,dx + \cdots + a_n\int_{-\pi}^{\pi} \cos nx \cos mx\,dx$$
$$+ \cdots + b_n\int_{-\pi}^{\pi} \sin nx \cos mx\,dx + \cdots \tag{5.15}$$

この式 (5.15) の右辺の第 1 項は先ほどの議論に従ってゼロになります．しかし，次の 2 つの項

$$\int_{-\pi}^{\pi} \cos nx \cos mx\,dx \tag{5.16a}$$

$$\int_{-\pi}^{\pi} \sin nx \cos mx\,dx \tag{5.16b}$$

は，直ちには積分値がどうなるかわからないので詳しい検討が必要です．

式 (5.16a) は n と m が等しいかどうかで，計算結果が異なるので場合分けして考える必要があります．まず，$m \neq n$ と仮定して，$\cos nx \cos mx$ に加法定理を適用すると，次のようになります．

$$\cos nx \cos mx = \frac{1}{2}\{\cos(n+m)x + \cos(n-m)x\} \tag{5.17}$$

$\cos Ax$ のような三角関数の x による $-\pi$ から π までの積分は，先ほどの議論でゼロになります．したがって，式 (5.17) の関係が成立することを考慮すると，式 (5.16a) はゼロになり，次の式が成り立ちます．

$$\int_{-\pi}^{\pi} \cos nx \cos mx\,dx = 0 \tag{5.18}$$

この式 (5.18) は，$\cos nx$ と $\cos mx$ の 2 つの関数が直交することを表しています．

一般に，$\int_b^a f(x)g(x)dx = 0$ の式が成り立つとき，関数 $f(x)$ と $g(x)$ は直交するといいます．

次に，$n = m$ のときには，$\cos nx \cos mx$ の項は次のようになります．

$$\cos nx \cos nx = \cos^2 nx = \frac{1}{2}(\cos 2nx + 1)$$

だから，$\cos nx \cos mx$ の項を $-\pi$ から π まで x で積分すると，次の式が得られます．

$$\int_{-\pi}^{\pi} \cos nx \cos nx dx = \frac{1}{2}\left(\int_{-\pi}^{\pi} \cos 2nx dx + \int_{-\pi}^{\pi} dx\right) = \pi \tag{5.19}$$

したがって，$n \neq m$ のときと $n = m$ のときをまとめると，次の式で表すことができます．

$$\int_{-\pi}^{\pi} \cos nx \cos mx dx = \pi \delta_{nm} \tag{5.20}$$

ここで，δ_{nm} はクロネッカーのデルタ記号で $n = m$ のとき 1，$n \neq m$ のとき 0 であることを意味しています．

一方，式 (5.16b) は同様にして，$n \neq m$ のときには

$$\int_{-\pi}^{\pi} \sin nx \cos mx dx = \frac{1}{2}\left\{\int_{-\pi}^{\pi} \sin(n+m)x dx + \int_{-\pi}^{\pi} \sin(n-m)x dx\right\} = 0$$

となります．また，$m = n$ のときも，$\sin nx \cos nx = 1/2 \sin 2nx$ となるので，この積分はフーリエ余弦関数と正弦関数の項で議論したようにゼロになります．したがって，$n \neq m$ のときと $n = m$ のときをまとめると，次のようにともにゼロになります．

$$\int_{-\pi}^{\pi} \sin nx \cos mx dx = 0 \tag{5.21}$$

以上の結果，式 (5.15) は次のようになります．

$$\int_{-\pi}^{\pi} f(x) \cos mx dx = a_n \int_{-\pi}^{\pi} \cos nx \cos mx dx = a_n \pi \delta_{nm}$$

だから，この式を使うと a_n は $n = m$ として，次の式

$$a_n = \frac{1}{\pi} \int_{-\pi}^{\pi} f(x) \cos nx dx$$

で表されることがわかり，式 (5.3) の結果と一致します．

次に，b_n を求めましょう．この場合には，式 (5.1) の両辺に $\sin mx$ を掛けて，

両辺を $-\pi$ から π まで x で積分すると，次の式が得られます．

$$\int_{-\pi}^{\pi} f(x)\sin mx dx = \frac{a_0}{2}\int_{-\pi}^{\pi}\sin mx dx + \cdots + a_n\int_{-\pi}^{\pi}\cos nx \sin mx dx + \cdots$$
$$+ b_n\int_{-\pi}^{\pi}\sin nx \sin mx dx + \cdots \qquad (5.22)$$

この場合にも，前の例と同様に考えて，次の2つの項を検討する必要があります．

$$\int_{-\pi}^{\pi}\cos nx \sin mx dx \qquad (5.23a)$$

$$\int_{-\pi}^{\pi}\sin nx \sin mx dx \qquad (5.23b)$$

まず，$n \neq m$ のときは

$$\cos nx \sin mx = \frac{1}{2}\{\sin(n+m)x - \sin(n-m)x\} \qquad (5.24a)$$

$$\sin nx \sin mx = \frac{1}{2}\{\cos(n-m)x - \cos(n+m)x\} \qquad (5.24b)$$

また，$n = m$ のときは

$$\cos nx \sin nx = \frac{1}{2}\sin 2nx \qquad (5.24c)$$

$$\sin nx \sin nx = \sin^2 nx = \frac{1}{2}(1 - \cos 2nx) \qquad (5.24d)$$

これらの式の中で，式 (5.24a)，(5.24b)，(5.24c) を $-\pi$ から π まで x で積分すると，これらはすべてゼロになります．しかし，式 (5.24d) を同様に積分すると $\cos 2nx$ の項はゼロになりますが，前の 1 を同様に $-\pi$ から π まで積分すると 2π になるので，結局，式 (5.24d) を積分すると π になります．したがって，まとめると次の式が成り立ちます．

$$\int_{-\pi}^{\pi}\sin nx \sin mx dx = \pi\delta_{nm} \qquad (5.25)$$

したがって，係数 b_n は，式 (5.22) を使い，a_n の場合と同様にして，次の式

$$b_n = \frac{1}{\pi}\int_{-\pi}^{\pi} f(x)\sin nx dx$$

で表されることがわかり，式 (5.4) の結果と一致します．

・**周期が $2L$ のとき**

周期関数はフーリエ級数に展開できると最初に述べましたが，周期が $-\pi$ から

5.2 フーリエ級数

π までの 2π だけでは範囲が狭すぎます．そこで，この制限を拡張して，周期が $-L$ から L までの $2L$ にした場合のフーリエ級数をここで考えることにします．

この場合には，x' という変数を持ち込んで，x と dx を次の式で表すことにします．

$$x = \frac{\pi}{L}x', \quad dx = \frac{\pi}{L}dx' \tag{5.26}$$

すると，x' と dx' は，次の式で表されます．

$$x' = \frac{L}{\pi}x, \quad dx' = \frac{L}{\pi}dx \tag{5.27}$$

式 (5.26) の関係を，次のフーリエ級数の式

$$f(x) = \frac{a_0}{2} + \sum_{n=1}^{\infty}(a_n \cos nx + b_n \sin nx) \tag{5.1}$$

に代入すると，周期が $2L$ のフーリエ級数の式として，次の式が得られます．

$$f(x') = \frac{a_0}{2} + \sum_{n=1}^{\infty}\left(a_n \cos \frac{n\pi}{L}x' + b_n \sin \frac{n\pi}{L}x'\right) \tag{5.28}$$

また，この場合にはフーリエ級数の a_n と b_n は，積分範囲が L と $-L$ に変わって次のようになります．何故かといいますと，式 (5.26) に従って $x' = L$ のとき $x = \pi$，$x' = -L$ のとき $x = -\pi$ となるからです．

$$a_n = \frac{1}{L}\int_{-L}^{L} f(x') \cos \frac{n\pi}{L}x' dx' \tag{5.29}$$

$$b_n = \frac{1}{L}\int_{-L}^{L} f(x') \sin \frac{n\pi}{L}x' dx' \tag{5.30}$$

x' では式が煩雑になるので，これ以降 x' を x と書くことにすると，周期が $2L$ の場合のフーリエ級数の式と，フーリエ係数は次の式で表されることになります．

$$f(x) = \frac{a_0}{2} + \sum_{n=1}^{\infty}\left(a_n \cos \frac{n\pi}{L}x + b_n \sin \frac{n\pi}{L}x\right) \tag{5.31}$$

$$a_n = \frac{1}{L}\int_{-L}^{L} f(x) \cos \frac{n\pi}{L}x dx \tag{5.32}$$

$$b_n = \frac{1}{L}\int_{-L}^{L} f(x) \sin \frac{n\pi}{L}x dx \tag{5.33}$$

したがって，L を $L \to \infty$ と無限大に拡張すれば，フーリエ級数への展開は周期関数に限らないことになります．このことについてはあとでもう一度触れるこ

とにします．

5.2.3 フーリエ級数の微分

フーリエ級数を微分すると三角関数の特殊な性質によって奇妙なことが起こります．すなわち，微分操作をしなくても微分演算ができるという面白い結果が得られます．この都合のよい便利な事実を使って，ここでフーリエ級数の微分について簡単に触れておくことにします．

さて，フーリエ級数は，何度も示すように，次の式

$$f(x) = \frac{a_0}{2} + \sum_{n=1}^{\infty}(a_n \cos nx + b_n \sin nx) \tag{5.1}$$

で表されますが，この式を微分することを考えます．しかし，今回紹介する方法が関数に適用できるためには，関数のフーリエ級数が次のような条件で微分可能であることが必要です．すなわち，関数 $f(x)$ を微分したものとこれをフーリエ級数展開した式を微分したものが等しいためには，微分してから和をとることが許されるという，項別微分の操作が許されなければなりません．

厳密には，関数 $f(x)$ がフーリエ係数の積分周期の範囲内で連続であり，かつ，関数を微分したもの $f'(x)$ がフーリエ級数展開できなければなりません．だから，ここでは，関数 $f(x)$ がこれらの条件を充たしていると仮定することにします．

関数 $f(x)$ が項別微分の条件を充たしているとして，これのフーリエ級数の式 (5.1) を x で微分すると，次の式ができます．

$$f'(x) = \sum_{n=1}^{\infty}(-na_n \sin nx + nb_n \cos nx) \tag{5.34}$$

この式 (5.34) は，最初の a_0 の項が存在しない以外は，式 (5.1) とよく似ていますので，式 (5.1) と比較することを考えます．

いま，関数 $f(x)$ を微分したもの $\{f'(x)\}$ のフーリエ係数を a'_0，a'_n，および b'_n とすると，$f'(x)$ のフーリエ級数は，式 (5.1) を使って次のように書けます．

$$f'(x) = \frac{a'_0}{2} + \sum_{n=1}^{\infty}(a'_n \cos nx + b'_n \sin nx) \tag{5.35}$$

だから，$a'_0 = 0$，$a'_n = nb_n$，および $b'_n = -na_n$ とおけば関数 $f(x)$ を微分した $f'(x)$ のフーリエ係数ができ，関数 $f'(x)$ のフーリエ級数を作ることができること

になります．すなわち，関数 $f(x)$ の微分ができることになります．だから，微分演算の操作を施さなくても，$f(x)$ の微分ができるという，想定外な結果が得られることになります．

しかし，微分操作しなくても関数の微分が可能なのは項別微分が可能な場合だけであることには注意すべきです．例えば，関数 $f(x) = x$ はこの方式で微分演算はできません．$f(x)$ を微分した $f'(x)$ が単なる数字の 1 になって，これはフーリエ級数展開ができないからです．しかし，関数 $f(x) = x^2$ はこの方式での微分が可能です．x^2 は積分周期の範囲内で連続であり，x で微分した $f'(x) = 2x$ はフーリエ級数展開できるからです．

5.2.4 複素フーリエ級数

複素フーリエ級数は一般の物理現象の解釈に使われることの多いフーリエ級数です．このことを考慮して，ここでは周期を 2π ではなくて $2L$ にすることにします．だから，ここでは周期が 2π の場合の x は，$(\pi/L)x$ になると考えればよいことになります．

複素数と三角関数を関連付ける式にオイラーの公式（$e^{i\theta} = \cos\theta + i\sin\theta$）があるので，これを利用すると，次の関係式が得られます．

$$\exp\left(i\frac{n\pi}{L}x\right) = \cos\frac{n\pi}{L}x + i\sin\frac{n\pi}{L}x \tag{5.36a}$$

$$\exp\left(-i\frac{n\pi}{L}x\right) = \cos\frac{n\pi}{L}x - i\sin\frac{n\pi}{L}x \tag{5.36b}$$

これらの 2 つの式を加えると，$\cos(n\pi/L)x$ は次の式で表されます．

$$\cos\frac{n\pi}{L}x = \frac{\exp\left(i\frac{n\pi}{L}x\right) + \exp\left(-i\frac{n\pi}{L}x\right)}{2} \tag{5.37a}$$

2 つの式の式 (5.36a) から式 (5.36b) を引いて，$2i$ で割ると $\sin(n\pi/L)x$ は，次の式で表されます．

$$\sin\frac{n\pi}{L}x = \frac{\exp\left(i\frac{n\pi}{L}x\right) - \exp\left(-i\frac{n\pi}{L}x\right)}{2i} = \frac{i\left\{\exp\left(-i\frac{n\pi}{L}x\right) - \exp\left(i\frac{n\pi}{L}x\right)\right\}}{2} \tag{5.37b}$$

これらの $\cos(n\pi/L)x$ と $\sin(n\pi/L)x$ を，次の（実数の）フーリエ級数の式

$$f(x) = \frac{a_0}{2} + \sum_{n=1}^{\infty}(a_n\cos nx + b_n\sin nx) \tag{5.1}$$

に x を $\pi x/\Delta$ と読みかえて代入すると，次の複素フーリエ級数の式が得られます．

$$f(x) = \frac{a_0}{2} + \sum_{n=1}^{\infty} \left\{ \frac{1}{2}(a_n - ib_n) \exp\left(i\frac{n\pi}{L}x\right) + \frac{1}{2}(a_n + ib_n) \exp\left(-i\frac{n\pi}{L}x\right) \right\} \tag{5.38}$$

次に，複素フーリエ係数として新しく係数 c_n を使うことにして，次のように定義します．

$$c_0 = \frac{a_0}{2}, \quad c_n = \frac{1}{2}(a_n - ib_n), \quad c_{-n} = \frac{1}{2}(a_n + ib_n) \tag{5.39}$$

これらのフーリエ係数 c_0, c_n, および c_{-n} は，n の範囲の 0 から ∞ までを，$-\infty$ から ∞ までと変更すると，フーリエ係数は c_n の 1 個に統一することができます．すると，式 (5.38) で表されるフーリエ級数は，次のように簡潔に書くことができます．

$$f(x) = \sum_{-\infty}^{\infty} c_n \exp\left(i\frac{n\pi}{L}x\right) \tag{5.40}$$

このとき複素フーリエ係数 c_n は，次の式で表されます．

$$c_n = \frac{1}{2L} \int_{-L}^{L} f(x) \exp\left(-i\frac{n\pi}{L}x\right) dx, \quad (n = \ldots, -2, -1, 0, 1, 2, \ldots) \tag{5.41}$$

・**直交関係**

実数のフーリエ級数では，2 つの関数 $\cos nx$ と $\cos mx$ の間に，$n \neq m$ のときに，式 (5.18) で表される関数の直交関係が存在すると述べました．そして，フーリエ級数の考察ではこの直交関係が必要でした．そして，$n = m$ のときと $n \neq m$ のときを合わせて書くと，次の式が成り立つとしました．

$$\int_{-\pi}^{\pi} \cos nx \cos mx\, dx = \pi \delta_{nm} \tag{5.20}$$

この式 (5.20) の関係は 2 つの関数が $\sin nx$ と $\sin mx$ の場合にも，式 (5.25) に示したように，同様に成立しました．

複素フーリエ級数の場合も，ここでは証明の演算は省略しますが，2 つの関数の間で直交関係が成立します．そして，複素フーリエ級数の場合の 2 つの関数は，$e^{i(n\pi/L)x}$ と $e^{i(m\pi/L)x}$ になり，直交関係は次の式で表されます．

$$\int_{-L}^{L} \exp\left(i\frac{n\pi}{L}x\right) \cdot \exp\left(-i\frac{m\pi}{L}x\right) dx = \int_{-L}^{L} \exp\left\{i\frac{(n-m)\pi}{L}x\right\} dx = 2L\delta_{nm} \tag{5.42}$$

5.3 ディラックのデルタ関数

ディラックのデルタ関数は，ディラック (P. Dirac) が量子力学の演算の中で導入した特殊な関数です．この関数は非常に風変わりな関数であったために，ディラックが提案した当初は，多くの科学者から白眼視されました．しかし，そのあと，数学者たちの詳しい検討によって，普通の関数の範疇には入らないが，超関数とみなせば数学的に取り扱えることがわかり，その後数学や物理学の方面で普及した経緯があります．

さて，前項の複素フーリエ級数の個所で述べた，関数の直交関係を表す式 (5.42) において，$n\pi/L = k$, $m\pi/L = k'$ とおくと，次の式が得られます．

$$\int_{-L}^{L} e^{i(k-k')x} dx = 2L\delta_{kk'} \tag{5.43}$$

ここでは，$n \to k$, $m \to k'$ としたので，δ_{nm} を $\delta_{kk'}$ としました．

この式 (5.43) の右辺の $2L\delta_{kk'}$ を $2L\delta_{kk'} = 2\pi(L/\pi)\delta_{kk'}$ とおき，$(L/\pi)\delta_{kk'}$ を，k の関数と考えて，次のように $f(k - k')$ とおくことにします．

$$f(k - k') = \frac{L}{\pi}\delta_{kk'} \tag{5.44}$$

また，k を $k = n(\pi/L)$ と表すと，n は整数だから，k は π/L の幅でとびとびの値をもちます．

いま，$k = k'$ とすると，このとき $\delta_{k'k'} = 1$ だから，$f(k - k') = L/\pi$ となります．そして，$f(k - k')$ に k の幅 π/L を掛けたものは 1 となり，これは縦が L/π，幅が π/L の短冊の面積になり，縦軸に $f(k)$，横軸に k をとって描くと，図 5.4 に示す短冊形の棒の面積を表すことになります．

次に，L を $L \to \infty$ として無限大の極限をとると，高さ L/π が限りなく無限大に近

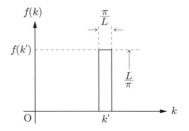

図 5.4 ディラックのデルタ関数を導く説明図

づき，幅の π/L はゼロに近づきます．そして，長方形の面積は 1 のままです．だ

から，$k = k'$ のときには $\delta_{kk'} = 1$ となるので，$f(k - k')$ は，式 (5.44) にしたがって，無限大 ∞ になります．しかし，$k \neq k'$ のときには $\delta_{kk'} = 0$ となるので，$f(k - k')$ はゼロになります．まとめると $f(k - k')$ は次の式で表されます．

$$f(k - k') = \begin{cases} \infty & (k = k') \\ 0 & (k \neq k') \end{cases} \tag{5.45}$$

この関数 $f(k - k')$ を $-\infty$ から ∞ まで k で積分すると，以上の議論によって 1 になりますので，次の式が成り立ちます．

$$\int_{-\infty}^{\infty} f(k - k') dk = 1 \tag{5.46}$$

次に，$f(k - k') = (L/\pi)\delta_{kk'}$ を式 (5.43) の右辺に代入すると，次の式が得られます．

$$\int_{-L}^{L} e^{i(k-k')x} dx = 2L\delta_{kk'} = 2\pi \frac{L}{\pi} \delta_{kk'} = 2\pi f(k - k') \tag{5.47}$$

この式より，$f(k - k')$ は，次の式で表されることがわかります．

$$f(k - k') = \frac{1}{2\pi} \int_{-L}^{L} e^{i(k-k')x} dx \tag{5.48a}$$

ここで，$L \to \infty$ として積分範囲を無限大にすると，次のようになります．

$$f(k - k') = \frac{1}{2\pi} \int_{-\infty}^{\infty} e^{i(k-k')x} dx \tag{5.48b}$$

この式 (5.48b) において，x と $k - k'$ を置き換えると，変数が x から k に変わり $dx \to dk$ となります．また，k' は定数なので 0 とおいても一般性を失わないので，式 (5.48b) より次の式が得られます．

$$f(x) = \frac{1}{2\pi} \int_{-\infty}^{\infty} e^{ixk} dk \tag{5.49a}$$

この式 $f(x)$ は式 (5.45) の $f(k)$ と同じですから，$x = 0$ のとき ∞ で，$x \neq 0$ のとき 0 になります．このような特殊な性質を示す関数がディラックのデルタ関数とよばれるものです．

この式 (5.49a) で表されるディラックのデルタ関数は δ 記号を使って，次の式

$$\delta(x) = \frac{1}{2\pi} \int_{-\infty}^{\infty} e^{ixk} dk \tag{5.49b}$$

で表されるのが一般的です．そして，式 (5.46) が成り立つので，$k - k' = x$ とお

いた次の式も成り立ちます.

$$\int_{-\infty}^{\infty} f(x)dx = 1 \tag{5.50}$$

また, x を $x = x - x_0$ とおくと, 式 (5.49b) より, 次の式が成り立ちます.

$$\delta(x - x_0) = \frac{1}{2\pi} \int_{-\infty}^{\infty} e^{i(x-x_0)k} dk \tag{5.51}$$

この式 (5.51) では, $\delta(x - x_0)$ は $x = x_0$ で ∞ になり, $x \neq x_0$ でゼロになります.

この式 (5.51) で表されるディラックのデルタ関数を $-\infty$ から ξ まで積分すると, $\xi \geq x_0$ のとき 1, $\xi < x_0$ のとき 0 となります. したがって, デルタ関数 $\delta(x - x_0)$ の積分関数を $F(x)$ で表すと, 次の式が成り立ちます.

$$F(\xi) = \int_{-\infty}^{\xi} \delta(x - x_0)dx = \begin{cases} 1 & (\xi \geq x_0) \\ 0 & (\xi < x_0) \end{cases} \tag{5.52}$$

また, ディラックのデルタ関数には次のような性質があります. すなわち, 関数 $f(x)$ にデルタ関数 $\delta(x - x_0)$ を掛けて $-\infty$ から ∞ まで積分すると, $x = x_0$ における関数の値 $f(x_0)$ が得られ, 次の式が成立します.

$$\int_{-\infty}^{\infty} f(x)\delta(x - x_0)dx = f(x_0) \tag{5.53a}$$

したがって, $x = 0$ における関数の値 $f(0)$ は $x_0 = 0$ とおいて, 次の式で得られます.

$$\int_{-\infty}^{\infty} f(x)\delta(x)dx = f(0) \tag{5.53b}$$

これらの式 (5.53a), (5.53b) が成立することの証明は, 章末に解答付きの演習問題として出題しますので, 挑戦してみてください.

そのほかのディラックのデルタ関数の性質としては, 説明を省略して結果のみ示しますが, 次に示す (a), (b), および (c) があります.

(a) $\quad \delta(x) = \delta(-x) \quad$ （偶関数である） $\tag{5.54}$

(b) $\quad x\delta(x) = 0 \tag{5.55}$

(c) $\quad \delta(ax) = \dfrac{1}{|a|}\delta(x) \qquad (a \neq 0) \tag{5.56}$

5.4 フーリエ変換

5.4.1 フーリエ変換とフーリエ逆変換

私たちの声の波形から，声の指紋といわれる，声紋が得られますが，実は声紋は声の波形をフーリエ変換して得られる音のスペクトラムから求めることができるものです．だから，フーリエ変換は身近な問題においても有益な働きをしていることがわかります．

さて，フーリエ変換ですが，これは簡単には，フーリエ級数という数の和を積分の形で表したものです．フーリエ級数に展開できる関数は，周期は 2π のほかに $2L$ のものもありますが，一応周期関数に限られています．しかし，フーリエ変換ではこの周期が $L \to \infty$ と無限大に拡張されていますので，フーリエ変換には周期関数という条件は撤廃されています．だから，ここにいたってはじめてフーリエの主張した，どんな関数にもフーリエ解析が適用できる，ということが実現するわけです．

さて，フーリエ変換ですが，この説明では複素フーリエ級数を使ってフーリエ変換を説明することにします．複素フーリエ級数では，次のフーリエ級数 $f(x)$ とフーリエ係数 c_n

$$f(x) = \sum_{-\infty}^{\infty} c_n \exp\left(i\frac{n\pi}{L}x\right) \tag{5.40}$$

$$c_n = \frac{1}{2L} \int_{-L}^{L} f(x) \exp\left(-i\frac{n\pi}{L}x\right) dx \tag{5.41}$$

が使われています．そしてこれらの式の $n\pi/L$ は，次の式

$$\omega_n = \frac{n\pi}{L} \tag{5.57}$$

に示すように ω_n にしばしば置き換えられます．ここでもこの慣例に従うことにします．すると，式 (5.40) と式 (5.41) は次のように書けます．

$$f(x) = \sum_{-\infty}^{\infty} c_n e^{i\omega_n x} \tag{5.58a}$$

$$c_n = \frac{1}{2L} \int_{-L}^{L} f(y) e^{-i\omega_n y} dy \tag{5.58b}$$

この最後の式 (5.58b) では，都合上変数を x から y に変更していますので注意してください．

次に，π/L の値は L が非常に大きくなると非常に小さくなりますので，これを $\Delta\omega$，つまり L を $L = \pi/\Delta\omega$ とおくことにします．そして，式 (5.58a) の $f(x)$ に式 (5.58b) の c_n を代入すると，$1/(2L) = \Delta\omega/(2\pi)$ となるので次の式が得られます．

$$f(x) = \sum_{-\infty}^{\infty} \left(\frac{1}{2\pi} \int_{-L}^{L} f(y) e^{-i\omega_n y} dy \right) e^{i\omega_n x} \Delta\omega \tag{5.59}$$

この式 (5.59) において $L \to \infty$ と無限大にして，( ) の中を次の式で示すように，ω_n の関数とみなすことにします．そして，これを次のように，$F(\omega_n)$ とおくことにします．

$$F(\omega_n) = \int_{-\infty}^{\infty} f(y) e^{-i\omega_n y} dy \tag{5.60}$$

すると，式 (5.59) は次のようになります．

$$f(x) = \sum_{-\infty}^{\infty} \frac{1}{2\pi} F(\omega_n) e^{i\omega_n x} \Delta\omega \tag{5.61}$$

この式 (5.61) では $L \to \infty$ で $\Delta\omega$ の値は非常に小さくなるので，この式は 2 章に述べた積分の定義の場合の式とほぼ同じになっています．したがって，この式 (5.61) は積分の形に書き直すことができて，式 (5.61) は次のように書けます．

$$f(x) = \frac{1}{2\pi} \int_{-\infty}^{\infty} F(\omega_n) e^{i\omega_n x} d\omega \tag{5.62}$$

式 (5.60) と式 (5.62) において $\omega_n \to \omega$ と置き換えると，次の 2 つの式ができます．

$$F(\omega) = \int_{-\infty}^{\infty} f(y) e^{-i\omega y} dy \tag{5.63}$$

$$f(x) = \frac{1}{2\pi} \int_{-\infty}^{\infty} F(\omega) e^{i\omega x} d\omega \tag{5.64}$$

こうして得られた式 (5.63) がフーリエ変換とよばれる式です．また，式 (5.64)

はフーリエ変換の式 $F(\omega)$ に，$e^{-i\omega y}$ ではなく $e^{i\omega x}$ を掛けて ω で積分しています．このため，式 (5.64) はフーリエ逆変換とよばれます．

なお，フーリエ変換とフーリエ逆変換には，これらを表すために使われる花文字の表示記号があり，それらは，それぞれ次に示す文字記号です．

$$\text{フーリエ変換：} \mathscr{F}[f(x)], \quad \text{フーリエ逆変換：} \mathscr{F}^{-1}[F(\omega)] \tag{5.65}$$

5.4.2 フーリエ変換の適用例

・$\cos x$ への適用

$\cos x$ 関数へのフーリエ変換の適用では，$\cos x$ をフーリエ変換すればよいので，$f(x) = \cos x$ とおいて，$f(x)$ をフーリエ変換することにします．したがって，$\cos x$ のフーリエ変換は公式 (5.63) を使って，次の式で示すようになります．

$$\mathscr{F}[\cos x] = \int_{-\infty}^{\infty} \cos x \, e^{-i\omega x} dx \tag{5.66}$$

関数 $\cos x$ はオイラーの公式を使うと，$\cos x = (e^{ix} + e^{-ix})/2$ と表せるので，これを上の式 (5.66) に代入すると，次の式が得られます．

$$\mathscr{F}[\cos x] = \frac{1}{2}\left(\int_{-\infty}^{\infty} e^{i(1-\omega)x}dx + \int_{-\infty}^{\infty} e^{-i(1+\omega)x}dx\right) \tag{5.67}$$

この式は少し技巧をこらして変形すると，次のように書けます．

$$\mathscr{F}[\cos x] = \pi\left(\frac{1}{2\pi}\int_{-\infty}^{\infty} e^{i(1-\omega)x}dx + \frac{1}{2\pi}\int_{-\infty}^{\infty} e^{-i(1+\omega)x}dx\right) \tag{5.68}$$

この式 (5.68) の右辺の 2 個の式はともに，5.3 節の式 (5.49b) に示した，ディラックのデルタ関数 $\delta(x)$ になっています．だから，この式 (5.68) を，$\delta(x)$ を使って書くと，次のように書けます．

$$\mathscr{F}[\cos x] = \pi\{\delta(1-\omega) + \delta(-1-\omega)\} = \pi\delta(1-\omega) + \pi\delta(1+\omega) \tag{5.69}$$

この式 (5.69) では，デルタ関数 $\delta(x)$ が偶関数なので $\delta(-1-\omega) = \delta(1+\omega)$ とおいています．以上の結果，$\cos x$ のフーリエ変換は 2 個のディラックのデルタ関数の和になることがわかります．

・$\delta(x)$ 関数への適用

次に，変わった関数への適用として，ディラックのデルタ関数のフーリエ変換に挑戦してみましょう．デルタ関数 $\delta(x)$ のフーリエ変換を $\mathscr{F}[\delta(x)]$ と書くと，

$\mathscr{F}[\delta(x)]$ は，フーリエ変換の公式 (5.63) に従って，次のようになります．

$$\mathscr{F}[\delta(x)] = \int_{-\infty}^{\infty} \delta(x) e^{-i\omega x} dx \tag{5.70}$$

この式 (5.70) を演算するために，ここでは，$\delta(x)$ を $-\infty$ から ξ まで積分したときの式 (5.52) の値 $F(\xi)$ を使います．いまの場合は，x_0 は 0 です．この $\delta(x)$ の積分 $F(\xi)$ を使って (5.70) を部分積分すると，次のようになります．

$$\int_{-\infty}^{\infty} \delta(x) e^{-i\omega x} dx = [e^{-i\omega x} F(x)]_{-\infty}^{\infty} - \int_{-\infty}^{\infty} \frac{de^{-i\omega x}}{dx} F(x) dx$$
$$= e^{-i\omega \infty} - 0 - [e^{-i\omega x}]_0^{\infty} = e^{-i\omega \infty} - e^{-i\omega \infty} + e^0 = 1 \tag{5.71}$$

つまり，デルタ関数のフーリエ変換は数字の 1 になってしまいます．念のために記しますと，この式の演算では，$F(x)$ は $x \geq 0$ のとき 1 で，$x < 0$ とき 0 になります．そして，当然ですが無限大（∞）が 0 以上で，$-\infty$ が 0 以下であることを利用しています．

フーリエ変換の答えの '1' が正しいかどうかをチェックするために，式 (5.64) を使って 1 のフーリエ逆変換を行ってみると，次の式

$$f(x) = \frac{1}{2\pi} \int_{-\infty}^{\infty} 1 \cdot e^{i\omega x} d\omega = \frac{1}{2\pi} \int_{-\infty}^{\infty} e^{i\omega x} d\omega = \delta(x) \tag{5.72}$$

が得られ，確かに $\delta(x)$ に戻っていて，正しいことがわかります．

5.5 ラプラス変換

5.5.1 ラプラス変換とその条件

フーリエ変換によく似た関数変換にラプラス変換があります．フーリエ変換では関数 $f(x)$ に e^{-ikx} の形の指数関数を掛けて $-\infty$ から ∞ まで積分しますが，ラプラス変換では掛ける指数関数が e^{-sx} になり，積分範囲が 0 から ∞ に変わります．

そして，ラプラス変換の変数は s になり，この s は複素数で，次の式で表されます．

$$s = s_r + is_i \tag{5.73}$$

ここで，s_r は複素数の実数部で，s_i は虚数部です．実数部の s_r は，しばしば $\mathrm{Re}\, s$

とも表記されます.

ラプラス変換は $L(s)$ と表されますが，この場合にも花文字を用いた表示記号の $\mathscr{L}[f(x)]$ がよく使われます．ここでは，関数のラプラス変換を両方の表記方法を使って表すことにすると，次のようになります．

$$L(s) = \mathscr{L}[f(x)] = \int_0^\infty f(x)e^{-sx}dx \tag{5.74}$$

しかし，関数 $f(x)$ をラプラス変換することが可能であるためには，この式 (5.74) の積分値が収束する必要があります．このために，式 (5.73) の s の実数部 s_r に，次のような条件が課されます．

いま，関数 $f(x)$ が $0 \leq x \leq \infty$ の範囲で，M と α を実数として $|f(x)| \leq Me^{\alpha x}$ の関係を充たすとすると，次の不等式が成立します．

$$\begin{aligned}|L(s)| &= \left|\int_0^\infty f(x)e^{-sx}dx\right| \leq \int_0^\infty |f(x)||e^{-(s_r+is_i)x}|dx \\ &\leq M\int_0^\infty e^{\alpha x}e^{-s_r x}dx = M\int_0^\infty e^{-(s_r-\alpha)x}dx = M\left[\frac{-e^{-(s_r-\alpha)x}}{(s_r-\alpha)}\right]_0^\infty\end{aligned} \tag{5.75}$$

この式 (5.75) は，$s_r - \alpha$ の値が負のときには無限大に発散しますので，ラプラス変換が可能であるためには，$s_r - \alpha > 0$ の条件が必要なことがわかります．

ここで，ラプラス変換に慣れるために，次の例題 a, b, c, および d をラプラス変換してみることにします．

例題 a: 1, b: x, c: e^{2x}, d: xe^{2x}.

ラプラス変換は公式 (5.74) を使うと比較的簡単に変換できるので，説明は省略して変換の結果だけを記すと，次のようになります．

$$\begin{aligned}\text{a}: L(s) &= \int_0^\infty 1 \cdot e^{-sx}dx = \left[-\frac{1}{s}e^{-sx}\right]_0^\infty = \frac{1}{s}, \\ \text{b}: L(s) &= \int_0^\infty x \cdot e^{-sx}dx = \left[-\frac{x}{s}e^{-sx}\right]_0^\infty + \frac{1}{s}\int_0^\infty e^{-sx}dx \\ &= \frac{1}{s}\left[-\frac{1}{s}e^{-sx}\right]_0^\infty = \frac{1}{s^2},\end{aligned}$$

5.5 ラプラス変換

c : $L(s) = \int_0^\infty e^{2x} \cdot e^{-sx} dx = \int_0^\infty e^{(2-s)x} dx$

$= \left[\dfrac{e^{(2-s)x}}{2-s}\right]_0^\infty = \dfrac{1}{s-2}$, ただし $s_r > 2$ のとき.

d : $L(s) = \int_0^\infty x \cdot e^{2x} e^{-sx} dx = \int_0^\infty xe^{(2-s)x} dx = \left[-\dfrac{x}{2-s}e^{(2-s)x}\right]_0^\infty$

$- \dfrac{1}{2-s}\int e^{(2-s)} dx = -\dfrac{1}{2-s}\left[\dfrac{1}{2-s}e^{(2-s)x}\right]_0^\infty$

$= \dfrac{1}{(2-s)^2} = \dfrac{1}{(s-2)^2}$. ただし $s_r > 2$ のとき.

5.5.2 ラプラス逆変換

ラプラス変換に使われる記号 s は式 (5.73) で表されますので，この式 (5.73) を使って式 (5.74) のラプラス変換の式を書き換えると，次のようになります．

$$L(s) = \int_0^\infty f(x)e^{-sx} dx = \int_0^\infty e^{-s_r x} e^{-is_i x} f(x) dx \tag{5.76}$$

また，ラプラス変換の積分範囲は 0 から ∞ までなので，x が負の領域では $f(x)$ はどんな値を仮定しても許されます．だから，ここでは $x < 0$ の領域で $f(x) = 0$ と仮定することにします．すると式 (5.76) の積分範囲を $-\infty$ から ∞ までに拡張することができます．すると $x < 0$ の領域で $f(x) = 0$ という条件の下で，次の式が成立します．

$$L(s) = \int_{-\infty}^\infty e^{-s_r x} f(x) e^{-is_i x} dx \tag{5.77}$$

この式 (5.77) は，関数 $e^{-s_r x} f(x)$ をフーリエ変換したものと解釈できます．そうすると，$e^{-s_r x} f(x)$ はフーリエ逆変換によって求められたことになります．

公式 (5.64) を用いると，$L(s)$ のフーリエ逆変換は $\mathscr{F}^{-1}[L(s)]$ となるので，次の式が成り立ちます．なお，ここでは $\omega \to s_i$ としています．

$$\mathscr{F}^{-1}[L(s)] = e^{-s_r x} f(x) = \dfrac{1}{2\pi} \int_{-\infty}^\infty L(s) e^{is_i x} ds_i \tag{5.78}$$

この式の $\mathscr{F}^{-1}[L(s)]$ の右の = 記号以降の部分（式）の両辺に $e^{s_r x}$ を掛けると，次の式が得られます．

$$f(x) = \dfrac{1}{2\pi} e^{s_r x} \int_{-\infty}^\infty L(s) e^{is_i x} ds_i = \dfrac{1}{2\pi} \int_{-\infty}^\infty L(s) e^{(s_r + is_i)x} ds_i \tag{5.79}$$

ここで，積分変数を s_i から s に変えると，$s_r + is_i = s$ となるので，$ids_i = ds$ の関係が得られます．

この関係（$s_r + is_i = s$ と $ids_i = ds$）を式 (5.79) に代入すると，次の式が得られます．

$$f(x) = \frac{1}{2\pi} \int_{-\infty}^{\infty} L(s) e^{sx} \frac{1}{i} ds \tag{5.80}$$

この式 (5.80) において $(1/i)$ を積分の外に出すと，次の式が得られます．

$$f(x) = \frac{1}{2\pi i} \int_{s_r - \infty}^{s_r + \infty} L(s) e^{sx} ds \tag{5.81}$$

この式 (5.81) では積分変数を s_i から s に変えたために，積分範囲を $s_r + \infty$ から $s_r - \infty$ に変更しています．

この式 (5.81) はラプラス変換の式 (5.74) に似ていますが，e^{-sx} が e^{sx} になっています．そして，$L(s)$ を変換する形になっています．実は，この式 (5.81) はラプラス逆変換とよばれます．そして，ラプラス逆変換の花文字表示記号には $\mathscr{L}^{-1}[L(s)]$ が使われます．

5.5.3 導関数のラプラス変換

次に，導関数のラプラス変換について少し追加することにします．この追加を行うのは，ラプラス変換した表示方法が少し変わっていることと，導関数のラプラス変換は微分方程式の解法において有用な働きをすることなどがその理由です．

関数 $f(x)$ の導関数 $f'(x)$ のラプラス変換は式 (5.74) に示した定義式に従って，次のようになります．

$$L(s) = \mathscr{L}[f'(x)] = \int_0^\infty f'(x) e^{-sx} dx \tag{5.82}$$

この式 (5.82) の積分を，部分積分を使って実行すると，次のようになります．

$$\int_0^\infty f'(x) e^{-sx} dx = [f(x) e^{-sx}]_0^\infty + s \int_0^\infty f(x) e^{-sx} dx$$

$$= -f(0) + s\mathscr{L}[f(x)] = -f(0) + sL(s) \tag{5.83}$$

すなわち，導関数 $f'(x)$ のラプラス変換は，次のように表すことができます．

$$\mathscr{L}[f'(x)] = sL(s) - f(0) \tag{5.84}$$

2階の導関数 $f''(x)$ のラプラス変換は，同様に部分積分を使って，次のように演算できます．

$$\mathscr{L}[f''(x)] = \int_0^\infty f''(x)e^{-sx}dx = [f'(x)e^{-sx}]_0^\infty + s\int_0^\infty f'(x)e^{-sx}dx \quad (5.85)$$

この式 (5.85) の最後の式は s に $f(x)$ の1階の導関数のラプラス変換を掛けたものになっています．したがって，式 (5.85) の右辺は次のように書けます．

$$[f'(x)e^{-sx}]_0^\infty + s\int_0^\infty f'(x)e^{-sx}dx = -f'(0) + s \cdot \mathscr{L}[f'(x)] \quad (5.86)$$

以上の結果，2階の導関数 $f''(x)$ のラプラス変換は，次のように表されます．

$$\mathscr{L}[f''(x)] = s^2 L(s) - sf(0) - f'(0) \quad (5.87)$$

だから，n 階の導関数のラプラス変換は次の式で表されることが演繹できます．

$$\mathscr{L}[f^{(n)}(x)] = s^n L(s) - s^{n-1}f(0) - s^{n-2}f'(0) - \cdots - f^{(n-1)}(0) \quad (5.88)$$

5.5.4 ラプラス変換の微分方程式の解法への応用

ラプラス変換の重要な応用の1つに微分方程式のラプラス変換を使った解法があります．そこで，ここでは例題を解いてみて，ラプラス変換の威力を実感することにします．例題としては，次の微分方程式を使うことにしましょう．

$$\frac{d^2 f(x)}{dx^2} - \frac{4df(x)}{dx} + 4f(x) = x \quad (5.89)$$

この問題では，初期条件を $f(0) = 0$，$f'(0) = 1$ とすることにします．

ここでは，5.5.3項に説明した導関数のラプラス変換を使うことにします．すると，まず関数 $f(x)$ の2階微分と1階微分のラプラス変換は，次のようになっています．

$$\mathscr{L}[f''(x)] = s^2 L(s) - sf(0) - f'(0) \quad (5.87)$$

$$\mathscr{L}[f'(x)] = sL(s) - f(0) \quad (5.84)$$

これらの公式 (5.87) と (5.84) を使うと，式 (5.89) は次のようにラプラス変換できます．

$$s^2 L(s) - 4sL(s) + 4L(s) - 1 = \mathscr{L}[x] \quad (5.90)$$

右辺の x をラプラス変換すると，5.5.1項の例題 b の解答に示したように $1/s^2$ に

なるので，これを代入して式 (5.90) は整理すると，次のようになります．

$$L(s)(s^2 - 4s + 4) = 1 + \frac{1}{s^2} \tag{5.91}$$

したがって，$f(x)$ のラプラス変換 $L(s)$ は，次の式で表されます．

$$L(s) = \frac{1}{(s-2)^2} + \frac{1}{s^2(s-2)^2} \tag{5.92}$$

微分方程式の解を求めるには，この $L(s)$ をラプラス逆変換して関数 $f(x)$ を求めればよいのですが，式 (5.92) で表される関数 $f(x)$ のラプラスの変換は，右辺の式の第 2 項の分母が $(s-2)^2$ と s^2 の積になっているので，このままの形ではラプラス逆変換はできません．

ラプラス逆変換を行うために，式 (5.92) の右辺の第 2 項を次のよう書き換えます．

$$\frac{1}{s^2(s-2)^2} = \frac{A}{(s-2)^2} + \frac{B}{s-2} + \frac{C}{s^2} + \frac{D}{s} \tag{5.93}$$

この式 (5.93) の右辺を通分して，分母を元の $s^2(s-2)^2$ に戻し，左右の分子が等しいという関係を使うと，簡単な演算によって A, B, C, および D が求まります．結果を示すと，$A = 1/4$, $B = -1/4$, $C = 1/4$, および $D = 1/4$ となります．したがって，式 (5.92) の $L(s)$ は次の式で表されます．

$$L(s) = \frac{5}{4} \cdot \frac{1}{(s-2)^2} - \frac{1}{4} \cdot \frac{1}{s-2} + \frac{1}{4} \cdot \frac{1}{s^2} + \frac{1}{4} \cdot \frac{1}{s} \tag{5.94}$$

この式 (5.94) を 5.5.1 項の例題の解答を使って，ラプラス逆変換すると，関数 $f(x)$ を次のように求めることができます．

$$f(x) = \frac{5}{4}xe^{2x} - \frac{1}{4}e^{2x} + \frac{1}{4}x + \frac{1}{4} \tag{5.95}$$

この例題で見たように（個々の関数のラプラス変換を実行しないで簡単に答えを得るには）ラプラス変換やラプラス逆変換の公式が必要になりますが，ラプラス変換を使えば，ともかく比較的簡単に微分方程式が解けるというメリットがあることがわかると思います．

演 習 問 題

5.1 変数 x で周期が $-\pi$ から π までの 2π の周期関数である関数 $f(x) = x^2$ のフーリエ級数を求めよ。

5.2 関数 $f(x)$ が $f(x) = \pi - |x|$ で表される。すなわち、$\pi > x \geq 0$ のとき $f(x) = \pi - x$ で、$-\pi < x \leq 0$ のとき $f(x) = \pi + x$ となる関数のフーリエ級数を示せ。

5.3 関数 $f(x) = x$, $(-2 < x \leq 2)$ を、フーリエ級数を使って展開せよ。

5.4 図 M5.1 に示すような、ノコギリ波は周期が T $(T = 2L)$ の関数で、この関数は $0 \leq x \leq T$ の範囲で $f(x) = (a/T)x$ と表され、この範囲の外にも伸びる周期関数である。この関数の複素フーリエ係数 c_n の絶対値はスペクトルとよばれる。以上の知識の下に、この関数 $f(x)$ の複素フーリエ級数 c_n を求め、スペクトルを図示せよ。

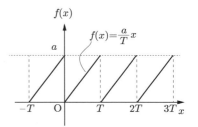

図 M5.1 ノコギリ波を表す関数 $f(x)$

5.5 ディラックのデルタ関数の性質を表す次の式、$\int_{-\infty}^{\infty} f(x)\delta(x-a)dx = f(a)$、および $\int_{-\infty}^{\infty} f(x)\delta(x)dx = f(0)$ が成立することを証明せよ。

5.6 関数 $f(x) = e^{-a|x|}$ のフーリエ変換を求めよ。

5.7 関数 $f(x) = \sin ax$ のラプラス変換を求めよ。

5.8 次の微分方程式を、$f'(0) = 0$ および $f(0) = 0$ の初期条件の下に、ラプラス変換を使って解け。

$$\frac{d^2f(x)}{dx^2} + \frac{2df(x)}{dx} + f(x) = 3\sin x$$

ただし、ラプラス逆変換の公式は次の通りである。

$$\frac{1}{(s-a)^2} \to xe^{ax}, \quad \frac{1}{s-a} \to e^{ax}, \quad \frac{s}{s^2+a^2} \to \cos ax.$$

Chapter 6 複素関数論

複素関数は複素数を変数とする関数ですが，この章ではこの複素関数の見せる多様な姿を学びます．まず，複素関数について基礎的な事項を復習も兼ねて述べたあと，複素関数の微分可能性に関係する複素関数の正則性について説明します．この中で正則関数やコーシー–リーマン方程式について学びます．次いで複素関数の座標間の等角写像について説明します．次に複素関数の展開について，テイラー展開とローラン展開を学びます．ローラン展開は複素関数に特有なものですが，このローラン展開から留数が生まれます．留数は少し難しい実積分の演算を容易にしてくれるので，普通の積分にとっても有用なものです．続いて複素積分ではコーシーの定理が重要なことも指摘します．最後に，留数の実積分への応用や解析接続についても実例を使って説明することにします．

6.1 複素関数

6.1.1 複素数と極形式

複素関数論はコーシー–リーマン方程式だとか，留数といった耳慣れない数学用語が出てくることもあり，初学者には難しいものに感じられるようです．このために初学者の中には食わず嫌いになって，内容も見ないで複素関数論を敬遠し，これを避けて通り過ぎようとする人いると聞いています．

しかし，これらの数学用語もコーシー–リーマン方程式が複素関数の微分可能性の判定を行う道具であるとか，留数が複素関数を展開したときの展開係数で，しかも展開係数の残りもの（留年の留？）であることなどを知れば'そうだったのか！'と親しみを覚え，複素関数論を学ぶ元気もわいてくるのではないでしょうか？

複素関数論を親しみをもって学ぶためには，複素関数の知識をきちんと頭に叩き込んでおく必要があります．複素関数は難しいものではなく，普通の関数との違いは変数が実数から複素数に変わっているだけです．複素数は簡単には2章でも説明しましたが，ここでも少しだけ復習します．実数との違いは虚数部が加わっ

ていることだけです．このように基礎知識を積み上げて，この章では複素関数論の学習ができるだけ楽しくなるように，興味がわいてくるように基礎準備を進めていくことにします．

さて，複素数を z とすると，z は x と y を実数部および虚数部として，次の式で表されます．

$$z = x + iy \tag{6.1}$$

2 章でも触れましたが，x は z の実数部という意味で $x = \mathrm{Re}\,z$ と書かれます．また，y は虚数部なので $y = \mathrm{Im}\,z$ と書かれます．

複素数の四則演算は 2.1.2 項でも説明したように，実数部と虚数部を別々に計算することを基本とし，かつ，$i^2 = -1$ になることに注意して計算すれば，実数の計算の場合とほぼ同じように計算することができます．

複素数の直角座標形式を使っての表示については 2.1.2 項で説明しましたので，ここでは複素数の理論や演算でよく用いられる複素数の極形式の表示について簡単に説明しておきます．式 (6.1) の z の絶対値 $|z|$ は，$|z| = \sqrt{x^2 + y^2}$ となります．だから，図 6.1 に示した直角座標の z 平面座標において原点 O(0) から点 Q までの距離 r は z の絶対値 $|z|$ に等しくなり，x と y は次の式で表されます．

$$x = r\cos\theta, \qquad y = r\sin\theta \tag{6.2}$$

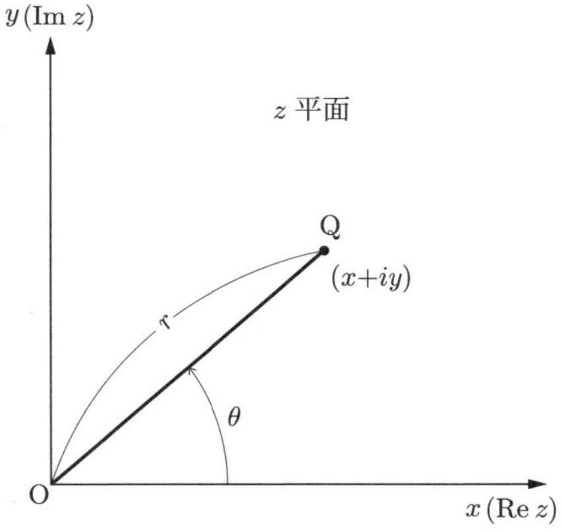

図 6.1 複素数の極形式表示

ここで，θ は x 軸とのなす角度で，次の項で説明しますが偏角とよばれるものです．きちんと書くと，x 軸の正方向から左回り（反時計回り）に測った角度を示します．

この式 (6.2) の関係を式 (6.1) に代入すると，z は次の式で表されます．

$$z = r(\cos\theta + i\sin\theta) \tag{6.3}$$

この式 (6.3) の関係はオイラーの公式を使うと，次のように簡略に書けます．

$$z = re^{i\theta} \tag{6.4}$$

ここで示した，式 (6.3) や式 (6.4) のように，複素数 z を r と θ で表す表示方法は極形式とよばれます．極形式の表し方は極座標を使って表す場合とよく似た形になっています．

6.1.2 偏角と三角不等式
・偏角とは実数部 (x) からの偏り

前項の式 (6.2)，(6.3)，および (6.4) に現れる θ は，z の実数部 $\mathrm{Re}\,z$（x の正軸）からのずれ（偏り）を表しているために偏角（argument）とよばれています．そして偏角 θ は，反時計回りの方向が正方向とされ，$\theta = \arg z$ と書かれます．そして，z の実数部 x と虚数部 y を使って偏角 θ は，次の式

$$\theta = \frac{\tan^{-1} y}{x} \tag{6.5}$$

で表されます．ここで，$\tan^{-1}$ はアークタンジェントと読まれます．

この式 (6.5) から得られる偏角 θ は普通には 1 個になりますが，指数関数の性質から，$e^{i2n\pi} = 1$ なので，$e^{i\theta} = e^{i(\theta + 2n\pi)}$ の関係が成り立ちます．だから，この関係式から偏角 θ は 1 個だけでなく，θ に $2n\pi$ を加えた角も偏角 θ になります．このため，偏角の範囲を $-\pi$ から π までの範囲に限って，この範囲に含まれる偏角を偏角の主値とよび，この主値だけを偏角 θ に使う場合もあります．

偏角の主値だけを使う場合でも，式 (6.5) を使うときには注意が必要です．例えば，$x = y$ の場合には，$\tan^{-1} 1$ は $\pi/4$ となるので $\theta = \pi/4$ となりますが，極形式で考えると，x と y の座標が負軸側にある場合には，$e^{i\theta}$ は $e^{i(\theta + \pi)}$ となるので，偏角は $\pi/4 + \pi = (5/4)\pi$ となります．

・三角不等式

複素数の積分演算では，複素数の和の上限が重要になる場合がしばしば起こります．そこで，こうした場合に役立つ数学の道具に三角不等式とよばれる式があります．これは次の式で表される関係式です．

$$|z_1 + z_2 + \cdots + z_n| \leq |z_1| + |z_2| + \cdots + |z_n| \quad (n = 2, 3, \ldots) \tag{6.6}$$

この式 (6.6) では $z_1, z_2, \ldots$ に正負があるので，これらを加え合わせたものは，それぞれの絶対値を加え合わせた値に等しいか，またはその値以下であるという

ものです．この式の内容が正しいことは，図 6.2 に示す複素関数の合成を見れば直ちにわかります．

すなわち，2 つの複素数 z_1 と z_2 の加減演算は次の式

$$z_1 \pm z_2 = (x_1 \pm x_2) + i(y_1 \pm y_2) \tag{6.7}$$

で表されますが，これは図 6.2 に示す 2 次元のベクトルの合成と同じようになるからです．式 (6.7) の複素数 z_1 と z_2 の和の絶対値 $|z_1 + z_2|$ は，z_1 と z_2 に正と負があるので，次の式で表される範囲の値になります．

$$||z_1| - |z_2|| \leq |z_1 + z_2| \leq |z_1| + |z_2| \tag{6.8}$$

つまり，z_1 と z_2 の符号が異なるときには，2 つの和は両者の絶対値の差の絶対値 $||z_1| - |z_2||$ に等しくなり，同符号の場合には両者の絶対値の和 $|z_1| + |z_2|$ に等しくなります．複素数の数を増やして，この式 (6.8) と同様な関係を繰り返すと，式 (6.6) の三角不等式の関係式が得られます．

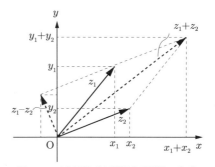

図 6.2　三角不等式を説明する関数の合成

・**極形式で表した複素数の積と商**

極形式の場合の 2 つの複素数 $z_1 = r_1 e^{i\theta_1}$ と $z_2 = r_2 e^{i\theta_2}$ の積と商は，次のようになります．

$$z_1 z_2 = r_1 r_2 e^{i(\theta_1 + \theta_2)}, \quad \frac{z_1}{z_2} = \frac{r_1}{r_2} e^{i(\theta_1 - \theta_2)} \tag{6.9}$$

これらの積と商において絶対値，および偏角を考えると，これらはそれぞれ次の式で表されます．

$$|z_1 z_2| = r_1 r_2 = |z_1||z_2|, \quad \arg(z_1 z_2) = \arg z_1 + \arg z_2 + 2n\pi \tag{6.10a}$$

$$\left|\frac{z_1}{z_2}\right| = \frac{r_1}{r_2} = \frac{|z_1|}{|z_2|}, \quad \arg \frac{z_1}{z_2} = \arg z_1 - \arg z_2 + 2n\pi \tag{6.10b}$$

6.1.3　複素関数のさまざまな姿

複素関数の場合も実関数の場合と同じように，さまざまな形の関数があります．

すなわち，それらは多項式，指数関数，三角関数，対数関数，およびべき関数です．複素関数はすでに説明したように，変数を実数から複素数に変更しているだけですので，各関数は見た目には実関数との大きな違いはありません．しかし，変数に虚数項が加わることによって，複素関数に特有な事情が生まれているので，これらの関数について，ここで簡単に説明を加えておくことにします．

・複素多項式

まず，複素関数の表記文字には w が使われます．変数は式 (6.1) で表される z ですから，複素関数は次の式で表されます．

$$w = f(z) \tag{6.11}$$

複素関数にも実関数の場合と同じように，多項式の関数があり，これは次の式で定義されています．

$$w = f(z) = a_1 z + a_2 z^2 + a_3 z^3 + \cdots + a_n z^n + c \tag{6.12}$$

ここで，$a_1, a_2, a_3, \ldots, a_n, c$ は複素定数です．

複素関数の多項式の例は非常に多く，二三の例を挙げると次のものがあります．

$$w = z + i, \quad w = z^3 + 2i, \quad w = (1+i)z^3 + (2+i)z^2 + (3+2i) \tag{6.13}$$

ここで，多項式に関連して注意すべきことがあります．すなわち，2つの多項式，例えば $f_1(z)$ と $f_2(z)$ の商で表される，次の関数式

$$w = f(z) = \frac{f_1(z)}{f_2(z)} \tag{6.14}$$

は有理関数とよばれることです．有理関数の例としては，次のものが挙げられます．

$$w = \frac{1}{z}, \quad w = \frac{1}{z+i}, \quad w = \frac{z+i}{(i+1)z^2 + 3 + i} \tag{6.15}$$

・複素指数関数と写像

複素関数は指数関数によっても，次のように表されます．

$$w = e^z = e^{x+iy} = e^x e^{iy} = e^x (\cos y + i \sin y) \tag{6.16}$$

複素関数の指数関数の説明はこの式 (6.16) に尽きるのですが，これでは簡単すぎますので，ここで，z 平面と w 平面の複素指数関数の移動について考えてみることにします．序章で少しだけ触れましたが，1つの集合（数式の図形）からほ

かの集合への移動は写像とよばれます．では，複素指数関数における z 平面の図形を w 平面へ移動すると，どのようになるでしょうか？

いま，複素指数関数を e^z とし，e^z が $x = x_0$（一定の定数）の条件を充たしていると仮定しますと，z 平面では，この状態は図 6.3(a) に示すように表されます．つまり，y 軸に平行な 1 本の直線で表されます．では w 平面でこの条件を充たす図形はどのようになるでしょうか？ これを調べるには，

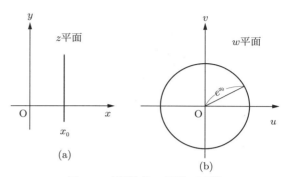

図 6.3　z 平面から w 平面への写像

$z = x + iy$，$w = u + iv$ の関係に式 (6.16) の関係をあてはめると，$u = e^x \cos y$，$v = e^x \sin y$ の関係式が得られます．

ここでは，$e^x = e^{x_0}$ となって一定になるので u^2 と v^2 を加えると，$\cos^2 y + \sin^2 y = 1$ だから，次の式が成り立ちます．

$$u^2 + v^2 = e^{2x_0} \quad (\text{一定}) \tag{6.17}$$

式 (6.17) で表される w 平面の図形は，図 6.3(b) に示すように，半径が e^{x_0} の円になります．そして，y の値が 0 から 2π 間で変化するとき，点 (u, v) はこの円周上を 1 周します．だから，z 平面の $x = x_0$ の図形（直線）が w 平面に円の図形として写像されたことになります．

- **複素三角関数**

前に序章で説明したように，オイラーの公式を使うと指数関数から三角関数の加法定理を簡単に求めることができますが，ここでは複素三角関数を，複素指数関数を使って表しておきましょう．

まず，複素指数関数の e^{iz} と e^{-iz} は形式的にオイラーの公式が使えると仮定すると，次のようになります．なお，この計算ではこの仮定が許されます．

$$e^{iz} = \cos z + i \sin z \tag{6.18a}$$

$$e^{-iz} = \cos z - i \sin z \tag{6.18b}$$

この2つの式 (6.18a), (6.18b) を使った四則演算によって，複素三角関数の $\cos z$ と $\sin z$, および $\tan z$ が，次のように容易に導けます．

$$\cos z = \frac{e^{iz} + e^{-iz}}{2}, \quad \sin z = \frac{e^{iz} - e^{-iz}}{2i},$$
$$\tan z = \frac{e^{iz} - e^{-iz}}{i(e^{iz} + e^{-iz})} \tag{6.19}$$

そして，$\sec z = 1/\cos z$, $\operatorname{cosec} z = 1/\sin z$, $\cot z = 1/\tan z$ なので，すべての複素三角関数が複素指数関数を使って表されることがわかります．

ここで，三角関数の (2倍角の) 倍角公式が複素三角関数においても成立することを示しておきましょう．すなわち，$\cos 2z = \cos^2 z - \sin^2 z$ と $\sin 2z = 2 \sin z \cos z$ の関係が成り立つことを示しておくことにします．

e^{i2z} とこれに等しい $e^{iz}e^{iz}$ に形式的にオイラーの公式を適用すると，それぞれ次の式が得られます．

$$e^{i2z} = \cos 2z + i \sin 2z \tag{6.20a}$$

$$e^{iz}e^{iz} = (\cos z + i \sin z)^2 = \cos^2 z - \sin^2 z + i2 \sin z \cos z \tag{6.20b}$$

これらの2つの式 (6.20a), (6.20b) は等しいので，2つの式の i の付かない項同士，および i の付いた項同士を等しいとおくと，次の式

$$\cos 2z = \cos^2 z - \sin^2 z, \quad \sin 2z = 2 \sin z \cos z \tag{6.21}$$

が得られ，倍角公式が成立することがわかります．

次に，この機会に，次に示すように，指数関数で表される双曲線関数（$\sinh x$ と $\cosh x$）と三角関数の関係を調べてみましょう．双曲線関数は次のようになっています．

$$\cosh x = \frac{e^x + e^{-x}}{2}, \quad \sinh x = \frac{e^x - e^{-x}}{2}$$

ここで，式 (6.19) に示した複素三角関数の $\cos z$ や $\sin z$ の変数の z が，純虚数であるとして，$z = iy$ とおくと，式 (6.19) の $\cos z$ と $\sin z$ は，次の式で表されることがわかります．

$$\cos iy = \frac{e^{-y}+e^{y}}{2} = \frac{e^{y}+e^{-y}}{2} = \cosh y \tag{6.22a}$$

$$\sin iy = \frac{e^{-y}-e^{y}}{2i} = \frac{i(e^{y}-e^{-y})}{2} = i\sinh y \tag{6.22b}$$

だから，複素関数においては三角関数と双曲線関数の間に密接な関係があることがわかります．

・**複素対数関数**

複素関数 $w = f(z)$ を対数を使って表すと，次のようになります．

$$w = f(z) = \ln z \tag{6.23}$$

z は極形式では，$z = re^{i\theta}$ と表されますが，この関係を使うと複素関数は，次のようになります．

$$w = \ln z = \ln r + i(\theta + 2n\pi) \tag{6.24}$$

ここでは偏角 θ には $2n\pi$ の不定性が存在することを考慮しました．

なお，複素対数関数 w は式 (6.24) からわかるように，n の値によっていろいろな値をとることができるので，このような関数は多価関数とよばれます．そして個々の n ごとに決まるような関数はブランチ（分枝）といわれます．

このことに関連して面白いことがあります．すなわち，$z = 1$ のときには z が実数のときには $\ln z$ は，単純にゼロになります．しかし，複素関数 $z = re^{i\theta}$ では，1 は $1e^{i0}$ とみなされるので，式 (6.24) にしたがって

$$w = \ln 1 + i(0 + 2n\pi) = i2n\pi \tag{6.25}$$

となります．だから，複素関数では実数部の $\ln 1$ はゼロになりますが，虚数部は n の値によって無限に存在することになります．

・**複素べき関数**

次に，複素べき関数を考えることにします．べき関数は実関数では $f(x) = ax^k$ の形で表されるもので，複素べき関数 w は次のようになります．

$$w = f(z) = z^a \tag{6.26}$$

この式 (6.26) の z^a は指数と対数を使うと，次のように書き換えることができます．

$$z^a = e^{a \ln z} \tag{6.27}$$

念のために説明を加えておきますと，式 (6.27) は両辺の ln をとると，左右の式が等しくなり，この式が成り立つことが確認できます．

さて，式 (6.27) において指数部分の z を極形式に書き換えて $z = re^{i\theta}$ とすると，次の式が得られます．

$$z^a = \exp\{a \ln r + ia(\theta + 2n\pi)\} \tag{6.28a}$$
$$= e^{a \ln r} e^{ia\theta} e^{i2an\pi} \tag{6.28b}$$

式 (6.28a) は a が整数の場合と整数でない場合で異なった値になるので，次のように場合分けして考える必要があります．

(i) $a = m$（整数）のとき

式 (6.28b) の $e^{i2an\pi}$ は $a = m$ のときには $e^{i2mn\pi}$ となり，1 になります．だから，この式は

$$z^m = e^{m \ln r} e^{im\theta} \tag{6.28c}$$

となり，$e^{m \ln r}$ は r^m になります．だから，この式 (6.28c) は次のようにも書けます．

$$z^m = r^m e^{im\theta} \tag{6.29}$$

この式 (6.29) では，m 値の違いによる不定性はないので，z^m は 1 価の関数になります．

(ii) $a = 1/2$ のとき

式 (6.28b) において，$a = 1/2$ とおくと，次の式が得られます．

$$z^{1/2} = r^{1/2} e^{i(1/2)\theta} e^{in\pi} \tag{6.30}$$

この式では，$e^{in\pi}$ は n が偶数のときは 1，奇数のときには -1 になるので，$z^{1/2}$ は次のようになります．

$$\begin{aligned} z^{1/2} &= r^{1/2} e^{i(1/2)\theta} & n = 0, \pm 2, \pm 4, \ldots \quad \text{（n が偶数のとき）} \\ &= -r^{1/2} e^{i(1/2)\theta} & n = \pm 1, \pm 3, \pm 5, \ldots \quad \text{（n が奇数のとき）} \end{aligned} \tag{6.31}$$

(iii) $a = 1/3$ のとき

式 (6.28b) において，$a = 1/3$ とおくと，次の式が得られます．

$$z^{1/3} = r^{1/3} e^{i(1/3)\theta} e^{i(2/3)n\pi} \tag{6.32}$$

この式 (6.32) において $e^{i(2/3)n\pi}$ の値は，m を整数として，$n = 3m$, $n = 3m+1$, および $n = 3m+2$ のときで 3 個の異なった値をとるので，複素べき関数 $z^{1/3}$ は 3 価の関数になります．

6.2 正則関数

6.2.1 複素関数の正則性とコーシー–リーマン方程式，および調和関数

・複素関数の正則性

複素関数論には正則性という用語が登場しますが，聞きなれない専門用語だということもあって，なんだか難しく感じます．しかし，正則性というのは難しいことではなく，簡単にいうと複素関数が微分可能ということです．複素関数が微分可能だということは，複素変数 z が複素平面上でどの方向に変化しても，w が滑らかに変化するということです．

いま，複素平面の z 平面上に z で表される点 $z(x + iy)$ を仮定し，この点の近くに点 $(z + \Delta z)$ があるとします．そして，ある式 $\{f(z + \Delta z) - f(z)\}/\Delta z$ の極限を，次の式

$$\lim_{\Delta z \to 0} \frac{f(z + \Delta z) - f(z)}{\Delta z} \tag{6.33}$$

を使って考えます．この式では Δz の方向は任意だとします．つまり，点 $(z + \Delta z)$ は点 z に対してどの方向に存在してもよいとします．だから，この式 (6.33) では z 平面上の z 点から任意の方向に Δz 離れた点 $(z + \Delta z)$ を点 z に近づけることを意味しています．

そして，この式 (6.33) が Δz を限りなく 0 に漸近させたとき，一定の極限値をもつとすると，この極限値は，どの方向から点 $(z + \Delta z)$ を点 z に近づけても一定の値をもつことになります．このような極限値は有限確定であるといわれます．

式 (6.33) が極限値をもち，有限確定であるとき，複素関数 $f(z)$ は点 z で微分可能であるといわれます．そして，この式 (6.33) の極限値は関数 $f(z)$ の微分係数または導関数とよばれ，これらは $f'(z)$ または df/dz などで表されます．この状況は関数が実関数の場合と同じです．

以上のように，複素関数 $f(z)$ が点 z で微分可能であり，導関数（または微分係数）が存在するとき，$f(z)$ は点 z で正則であるといい，点 z は $f(z)$ の正則点と

いわれます．そして，複素平面の z 平面上のある領域を考えたとき，この領域に含まれるすべての点で $f(z)$ が正則なとき，$f(z)$ はその領域で正則であり，正則関数であるといわれます．この領域に正則でない点が存在しますと，その点は特異点（または，不正則点）とよばれます．

・コーシー–リーマン方程式

関数が正則であることの条件を表す式に，次のコーシー–リーマン方程式があります．

$$\frac{\partial u}{\partial x} = \frac{\partial v}{\partial y}, \quad \frac{\partial u}{\partial y} = -\frac{\partial v}{\partial x} \tag{6.34}$$

ここで，u と v は $w = u + iv$ の関係を充たす u, v で，u, v はともに x と y の関数です．$w = f(z)$, $z = x + iy$ の関係があるからです．

式 (6.34) で表されるコーシー–リーマン方程式は，次のようにして導くことができます．すなわち，この式 (6.34) は複素関数 $f(z)$ が正則であることを表す条件の式なので，z 平面上において，ある点の近傍に存在する別の点をどの方向から近づけても，関数 $f(z)$ は導関数をもたなければなりません．だから，この条件を使って式 (6.34) のコーシー–リーマン方程式を導いてみましょう．

ここでは，ある点を z とし，この近傍の別の点を $z + \Delta z$ とすることにします．そして，別の点をある点に近づける方向を，実（数）軸方向の x 方向と虚（数）軸方向の y 方向の 2 つで代表することにします．そして，x 方向と y 方向に分けて考えると，次のようになります．

(i) x 方向において $\Delta z = \Delta x$ として，点 $z + \Delta z$ を x 方向から z 点に近づけるとき：

このときの導関数 df/dz を求めますが，関数 $f(z)$ が $f(z) = u(x,y) + iv(x,y)$ で表されることを用いると，df/dz は式 (6.33) を使って，次のように演算できます．

$$\begin{aligned}
\frac{df}{dz} &= \lim_{\Delta z \to 0} \frac{f(z + \Delta z) - f(z)}{\Delta z} \\
&= \lim_{\Delta x \to 0} \left\{ \frac{u(x + \Delta x, y) + iv(x + \Delta x, y)}{\Delta x} - \frac{u(x, y) + iv(x, y)}{\Delta x} \right\} \\
&= \lim_{\Delta x \to 0} \left\{ \frac{u(x + \Delta x, y) - u(x, y)}{\Delta x} + i\frac{v(x + \Delta x, y) - v(x, y)}{\Delta x} \right\} \\
&= \frac{\partial u}{\partial x} + i\frac{\partial v}{\partial x} \tag{6.35}
\end{aligned}$$

6.2 正則関数

ここでは，y を定数とみなし，x のみを変数として扱っているので微分の記号には偏微分記号 $\partial/\partial x$ が使っています．数学では普通このように扱うので，ここでもそれに倣いました．

(ii) y 方向において $\Delta z = \Delta y$ として，点 $(z + \Delta z)$ を y 方向に点 z に近づけるとき：

同様にして，df/dz を次のように演算すると，df/dz が得られます．

$$\begin{aligned}\frac{df}{dz} &= \lim_{\Delta z \to 0} \frac{f(z+\Delta z)-f(z)}{\Delta z} \\ &= \lim_{\Delta y \to 0} \left\{ \frac{u(x,y+\Delta y)+iv(x,y+\Delta y)}{i\Delta y} - \frac{u(x,y)+iv(x,y)}{i\Delta y} \right\} \\ &= \lim_{\Delta y \to 0} \left\{ -i\frac{u(x,y+\Delta y)-u(x,y)}{\Delta y} + \frac{v(x,y+\Delta y)-v(x,y)}{\Delta y} \right\} \\ &= -i\frac{\partial u}{\partial y} + \frac{\partial v}{\partial y} \end{aligned} \tag{6.36}$$

複素関数 $w = f(z)$ が点 z において正則であるためには，正則性の議論において述べたことに従って，df/dz は (i) と (ii) の場合で同じ値が得られなくてはならないので，式 (6.35) と式 (6.36) は等しくなければなりません．したがって，次の式が成立します．

$$\frac{\partial u}{\partial x} + i\frac{\partial v}{\partial x} = -i\frac{\partial u}{\partial y} + \frac{\partial v}{\partial y} \tag{6.37}$$

この式 (6.37) では，左右の実数項と虚数項同士が等しくなくてはならないので，次の2つの式が同時に成立する必要があり，次のコーシー–リーマン方程式が成り立ちます．

$$\frac{\partial u}{\partial x} = \frac{\partial v}{\partial y}, \quad \frac{\partial v}{\partial x} = -\frac{\partial u}{\partial y}$$

こうしてコーシー–リーマン（Cauchy-Riemann）方程式を導くことができます．

そして，複素関数 $f(z)$ の導関数 $df(z)/dz$ は次の2つの式で与えられることがわかります．

$$\frac{df(z)}{dz} = \frac{\partial u}{\partial x} + i\frac{\partial v}{\partial x} \tag{6.38a}$$

$$\frac{df(z)}{dz} = -i\frac{\partial u}{\partial y} + \frac{\partial v}{\partial y} \tag{6.38b}$$

・例題を使ってコーシー–リーマン方程式をチェックしてみる

微分可能な複素関数として複素三角関数の $\cos z$ を使い，$w = f(z) = \cos z$，

$w = u + iv$ としてコーシー–リーマン方程式の各項を計算すると，次のようになります．

すなわち，$z = x + iy$ なので，$\cos z$ は式 (6.22a) の指数関数も使って次のように書けます．

$$\begin{aligned}\cos z &= \cos(x+iy) = \cos x \cos iy - \sin x \sin iy \\ &= \frac{1}{2}\cos x(e^{-y}+e^y) - \frac{1}{2i}\sin x(e^{-y}-e^y) \\ &= \frac{1}{2}\cos x(e^{-y}+e^y) + \frac{i}{2}\sin x(e^{-y}-e^y)\end{aligned}$$

したがって，$\omega = \cos z$，$\omega = u + iv$ の関係から $u = \frac{1}{2}(e^{-y}+e^y)\cos x$，$v = \frac{1}{2}(e^{-y}-e^y)\sin x$ と表せるので，次の各式

$$\frac{\partial u}{\partial x} = -\frac{1}{2}(e^{-y}+e^y)\sin x, \quad \frac{\partial v}{\partial x} = \frac{1}{2}(e^{-y}-e^y)\cos x$$

$$\frac{\partial u}{\partial y} = -\frac{1}{2}(e^{-y}-e^y)\cos x, \quad \frac{\partial v}{\partial y} = -\frac{1}{2}(e^{-y}+e^y)\sin x$$

$$\therefore \frac{\partial u}{\partial x} = \frac{\partial v}{\partial y}, \quad \frac{\partial v}{\partial x} = -\frac{\partial u}{\partial y}$$

が成立し，コーシー–リーマン方程式が成り立つことがわかります．

そして，$f(z)$ の導関数 df/dz は次の式

$$\frac{df}{dz} = \frac{\partial u}{\partial x} + i\frac{\partial v}{\partial x} = -\frac{1}{2}(e^{-y}+e^y)\sin x - i\frac{1}{2}(e^y-e^{-y})\cos x$$

で表されますが，この式の右辺を 6.1.1 項で説明した複素三角関数の式 (6.22a), (6.22b) を使って書き換えると，右辺は $-\cos iy \sin x - \sin iy \cos x = -\sin(x+iy) = -\sin z$ となります．

だから，$df/dz = -\sin z$ となり，複素関数 $\cos z$ の z による微分は，次のようになります．

$$\frac{d}{dz}\cos z = -\sin z$$

したがって，複素三角関数の $\cos z$ の z による微分は，実関数の場合の $\cos x$ の x による微分と同様に演算できることがわかります．

追記しておくと，複素三角関数の $\sin z$ の z による微分も $\cos z$ と同様に演算できます．さらに，複素指数関数 e^z や複素対数関数 $\ln z$ の微分も実関数と同じように演算できます．

・調和関数

電磁気学，天文学，および流体力学などの自然科学分野の学問で使われている重要な式にラプラス方程式があります．ϕ を関数として，ラプラス方程式は次の式で表されます．

$$\frac{\partial^2 \phi}{\partial x_1^2} + \frac{\partial^2 \phi}{\partial x_2^2} + \cdots + \frac{\partial^2 \phi}{\partial x_n^2} = 0 \tag{6.39a}$$

この式は記号 Δ（ラプラシアンと読む）を使って，次の式でも表されます．

$$\Delta \phi = 0 \tag{6.39b}$$

というのは Δ は次の式で表されるからです．

$$\Delta = \frac{\partial^2}{\partial x_1^2} + \frac{\partial^2}{\partial x_2^2} + \cdots + \frac{\partial^2}{\partial x_n^2} \tag{6.40}$$

式 (6.40) はラプラシアン Δ の代わりに，1 章で使ったナブラ記号 ∇ を使い ∇^2（ナブラ 2 乗と読む）で表されることもあります．

実はラプラス方程式を充たす関数 ϕ は調和関数とよばれます．そして，調和関数はこの節で説明した正則関数と密接な関係があります．すなわち，式 (6.34) のコーシー–リーマン方程式の第 1 式 $\partial u/\partial x = \partial v/\partial y$ を x で偏微分し，第 2 式 $\partial v/\partial x = -\partial u/\partial y$ を y で偏微分して辺々加えると，次の式ができます．

$$\frac{\partial^2 u}{\partial x^2} + \frac{\partial^2 v}{\partial x \partial y} = \frac{\partial^2 v}{\partial y \partial x} - \frac{\partial^2 u}{\partial y^2} \tag{6.41}$$

偏微分は順序を x と y の間で変更しても結果は変わらないので，この式の左右の $\partial^2 v/\partial x \partial y$ と $\partial^2 v/\partial y \partial x$ は等しくなります．したがって，式 (6.41) から次の式が得られます．

$$\frac{\partial^2 u}{\partial x^2} + \frac{\partial^2 u}{\partial y^2} = 0 \tag{6.42}$$

同様に，式 (6.34) の第 1 式を y で，第 2 式を x でそれぞれ偏微分すると，同様にして，次の 2 つの式が得られます．

$$\frac{\partial^2 u}{\partial x \partial y} = \frac{\partial^2 v}{\partial y^2}, \quad \frac{\partial^2 v}{\partial x^2} = -\frac{\partial^2 u}{\partial y \partial x} \tag{6.43}$$

この式 (6.43) の 2 つの式から，次の式が得られます．

$$\frac{\partial^2 v}{\partial x^2} + \frac{\partial^2 v}{\partial y^2} = 0 \tag{6.44}$$

以上のようにして得られた，式 (6.42) と (6.44) はそれぞれ関数を u と v とするラプラス方程式になっています．最初に述べたようにラプラス方程式を充たす関数は調和関数ですので，正則関数 f の実数部 u と虚数部 v は調和関数になっていることがわかります．これらのラプラス方程式は 2 次元の式なので，2 次元のラプラス方程式とよばれます．

しかし，逆は必ずしも真ならずで，調和関数が正則関数であるとは限りません．正則関数であるためには，コーシー–リーマンの方程式を満足しなければなりませんが，すべての調和関数が必ずしもこの方程式を充たすとは限らないからです．

なお，電磁気学などで見かけるラプラス方程式には，次の 3 次元の式が使われています．

$$\Delta V(= \nabla^2 V) = \frac{\partial^2 V}{\partial x^2} + \frac{\partial^2 V}{\partial y^2} + \frac{\partial^2 V}{\partial z^2} \tag{6.45}$$

ここでは，関数が電位を表すスカラー関数の V である場合のラプラス方程式を示しました．

6.2.2 等角写像

・写像

前にも少し触れたように，複素変数 $z\,(=x+iy)$ を独立変数とする複素関数 $w = f(z)$ は，z 平面から w 平面への写像とみなされます．これは，そもそも w は関数 $f(z)$ による z の像ともいわれるからです．ここで写像を再度とりあげるのは，正則関数では写像に新しい要素が加わるからです．すなわち，正則関数の条件を充たす複素関数の写像は等角写像というものになります．

そこで，ここでは z 平面から w 平面への写像を像の向きと動きに注目して，少し見ておくことにします．いま，図 6.4(a) に示す，点 z が z 平面上で $y = x - 1$ の線上を動くとき，複素関数 $w = f(z)$ を $w = 1/z$ として，w 平面上でこの点がどのように動くかを調べてみることにします．

すると，$z = x + iy$ と $w = u + iv$ の関係から z は，次の式で表せることがわかります．

$$z = \frac{1}{w} = \frac{1}{u+iv} = \frac{u-iv}{(u+iv)(u-iv)} = \frac{u-iv}{u^2+v^2}$$

したがって，$z = x + iy$ と比較して，y と x は次のようになります．

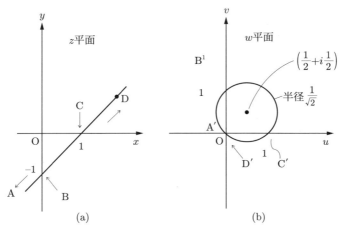

図 6.4 z 平面から w 平面への写像

$$x = \frac{u}{u^2+v^2}, \quad y = -\frac{v}{u^2+v^2} \tag{6.46}$$

この式 (6.46) の x と y を $y = x - 1$ の式に代入すると，u と v の次の式が得られます．

$$-\frac{v}{u^2+v^2} = \frac{u}{u^2+v^2} - 1 \rightarrow \left(u - \frac{1}{2}\right)^2 + \left(v - \frac{1}{2}\right)^2 = \frac{1}{2} = \left(\frac{1}{\sqrt{2}}\right)^2 \tag{6.47}$$

この式 (6.47) は，実数部 u と虚数部 v を変数とする関数が，図 6.4(b) に示すように，中心が $(1/2 + i/2)$ の円の方程式を形成していることを表しています．そして，u と v の点はこの円周上を動きます．

いま，z 平面において点 B が点 A の方向に移動すると，y は $y \to -\infty$，x は $x \to -\infty$ の方向に動きますが，このとき w 平面上の対応する点 B′ と点 C′ は，u と v がそれぞれ $u \to -0$，$v \to 0$ となるので，原点の方向へ移動します．また，z 平面上で点 C が点 D の方向へ向かうときには，$y \to \infty$，$x \to \infty$ へと動くので，対応する点 C′ と点 D′ は，u と v がそれぞれ $u \to 0$，$v \to -0$ と動くので，やはり原点の方向へ移動します．

• 等角写像

複素関数 $w = f(z)$ が正則のときには，z 平面から w 平面への写像は，これまで述べた単なる写像ではなく，等角写像とよばれる写像になります．等角写像は物理学や工学の分野で広く応用されている重要なものです．ここでは，複素関数

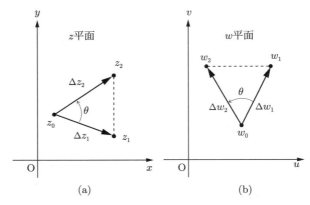

図 6.5 z 平面から w 平面への等角写像

$w = f(z)$ を正則関数として,図 6.5(a) に示す,z 平面上の 3 点 z_0, z_1, z_3 が,同図 (b) に示す w 平面上の w_0, w_1, w_2 に写像される場合を考えることにします.

図 6.5(a), (b) において,それぞれの 3 点 z_0, z_1, z_3 および w_0, w_1, w_2 が非常に接近しているとします.そして,Δ がこれまでと同じく微小な量を表すとして,それぞれ,次の式が成り立つとします.

$$z_1 - z_0 = \Delta z_1,\ z_2 - z_0 = \Delta z_2 \tag{6.48a}$$

$$w_1 - w_0 = \Delta w_1,\ w_2 - w_0 = \Delta w_2 \tag{6.48b}$$

ここで,Δw は $\Delta f(z)$ とみなせること,および,w が正則関数である条件を考慮すると,点 z_0 における微係数 $f'(z_0)$ は,z_0 近傍の点を,点 z_0 にどの方向から近づけても同じ微係数をもつので,次の関係式が成立します.

$$\frac{\Delta w_1}{\Delta z_1} = \frac{\Delta w_2}{\Delta z_2} = f'(z_0) \tag{6.49}$$

この式 (6.49) から,Δw_1 と Δw_2 は $\Delta w_1 = f'(z_0)\Delta z_1$, $\Delta w_2 = f'(z_0)\Delta z_2$ となりますが,このことから,Δw_1 と Δw_2 の絶対値と偏角は式 (6.10a) にしたがって,次の式で表されます.

$$|\Delta w_1| = |f'(z_0)||\Delta z_1| \tag{6.50a}$$

$$\arg(\Delta w_1) = \arg(\Delta z_1) + \arg\{f'(z_0)\} \tag{6.50b}$$

$$|\Delta w_2| = |f'(z_0)||\Delta z_2| \tag{6.50c}$$

$$\arg(\Delta w_2) = \arg(\Delta z_2) + \arg\{f'(z_0)\} \tag{6.50d}$$

これらの式の式 (6.50a) と式 (6.50c) から，$f'(z_0) = 0$ の場合を除いて，Δw_1 と Δw_2 の絶対値の比と Δz_1 と Δz_2 の絶対値の比は等しくなり，次の関係式が成立します．

$$\frac{|\Delta w_1|}{|\Delta w_2|} = \frac{|\Delta z_1|}{|\Delta z_2|} \tag{6.51}$$

また，式 (6.50b) と式 (6.50d) より，角 $\angle w_2 w_0 w_1$ は次のように

$$\begin{aligned}
\angle w_2 w_0 w_1 &= \arg(\Delta w_2) - \arg(\Delta w_1) \\
&= \arg(\Delta z_2) + \arg\{f'(z_0)\} - [\arg(\Delta z_1) + \arg\{f'(z_0)\}] \\
&= \arg(\Delta z_2) - \arg(\Delta z_1) \\
&= \angle z_2 z_0 z_1
\end{aligned} \tag{6.52}$$

と計算され，$\angle w_2 w_0 w_1$ は $\angle z_2 z_0 z_1$ と等しくなります．

したがって，z 平面上の三角形 $z_2 z_0 z_1$ は w 平面上の三角形 $w_2 w_0 w_1$ に方向を含めて，相似形に写像されることがわかります．このような z 平面上の図形から w 平面上の図形への写像は等角写像とよばれます．等角写像性は関数が正則関数であることを特徴づける重要な性質になっています．

6.3 複素積分とコーシーの定理

6.3.1 複素積分

・線積分と面積分について

実関数ではベクトル場に沿っての積分は線積分といわれています．ベクトル場というのは前にも触れましたが，ベクトル $\boldsymbol{A}$ がベクトル空間において各点の関数として $\boldsymbol{A}(\boldsymbol{r})$ のように表される場のことです．そして，線積分はこの $\boldsymbol{A}(\boldsymbol{r})$ を使って次のように定義されます．

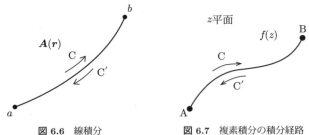

図 6.6　線積分　　　　図 6.7　複素積分の積分経路

$$I = \int_C \boldsymbol{A}(\boldsymbol{r}) \cdot d\boldsymbol{r} \tag{6.53}$$

積分路 C は，図 6.6 に示すように，点 a から点 b にいたるベクトル場 $\boldsymbol{A}(\boldsymbol{r})$ に設けた線になります．この積分路 C には向きがあります．いま，点 a から点 b の方向を C，点 b から点 a の方向を C' とすると，積分路を C' とする $\boldsymbol{A}(\boldsymbol{r})$ の積分は，経路が C の場合の積分とは，符号が反転し，次のようになります．

$$I' = \int_{C'} \boldsymbol{A}(\boldsymbol{r}) \cdot d\boldsymbol{r} = -\int_C \boldsymbol{A}(\boldsymbol{r}) \cdot d\boldsymbol{r} = -I \tag{6.54}$$

同様に，ベクトル場 $\boldsymbol{B}(\boldsymbol{r})$ の（ベクトル場の）曲面 S における積分は面積分とよばれ，次の式で定義されます．

$$J = \int_S \boldsymbol{B}(\boldsymbol{r}) \cdot d\boldsymbol{S} \tag{6.55}$$

・**複素積分**

複素関数の積分は複素積分とよばれますが，この積分は形の上では実関数の線積分に似ています．複素積分は，図 6.7 に示すように，複素平面の z 平面上の 2 点 A と B を結ぶ滑らかな曲線 C を積分経路とし，関数 $f(z)$ の積分が，次の式で表されるものです．

$$\int_C f(z) dz \tag{6.56}$$

そして，ベクトル場における実関数の線積分のときもそうですが，図 6.7 に示す積分経路には向きがあり，積分経路は同じでも，C と逆向きの C' の場合では積分値は反転します．

この状況を式 (6.56) を使って表すと，次のようになります．

$$\int_{C'} f(z) dz = -\int_C f(z) dz \tag{6.57}$$

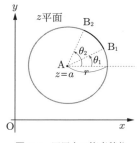
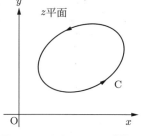

図 6.8 円周上の複素積分　　図 6.9 z 平面における閉曲線 C

これまで示してきたように，複素関数 $f(z)$ では，$z = x + iy$, $f(z) = u(x,y) + iv(x,y)$, $dz = dx + idy$ の関係が成立するので，これらの関係を使うと，式 (6.56) は次のようになります．

$$\int_C f(z)dz = \int_C (u+iv)(dx+idy)$$
$$= \int_C (udx - vdy) + i\int_C (vdx + udy) \qquad (6.58)$$

また，複素積分では，図 6.8 に示すような z 平面上の任意の点 A（座標 $z = a$，ただし a は複素数）を中心とする半径 r の円周上の複素積分が重要になります．そこで，この積分についてここで説明しておくことにします．

いま，図 6.8 の半径 r の円の円周上に 2 つの点 B_1 と B_2 を設定します．そして，この 2 点の座標が次のように表されたとします．

$$\text{点 } B_1 : a + re^{i\theta_1}, \qquad \text{点 } B_2 : a + re^{i\theta_2} \qquad (6.59)$$

また，円周上の任意の点の座標 z と dz は次の式で表されます．

$$z = a + re^{i\theta}, \quad dz = ire^{i\theta}d\theta \qquad (6.60)$$

したがって，複素関数 $f(z)$ の，円弧 B_1B_2 に沿った複素積分は，次の式で表されます．

$$\int_{B_1B_2} f(z)dz = i\int_{\theta_1}^{\theta_2} f(a + re^{i\theta})re^{i\theta}d\theta \qquad (6.61)$$

6.3.2 コーシーの積分定理

次に，図 6.9 に示すように，積分路が閉曲線の場合の $f(z)$ の複素積分を考えることにします．積分路が閉曲線のときには，周回積分ともよばれ，積分記号に $\oint$

が使われます．すると，式 (6.58) で表した複素積分は，次の式で表されることになります．

$$\oint_C f(z)dz = \oint_C (u+iv)(dx+idy)$$
$$= \oint_C (udx - vdy) + i\oint_C (vdx + udy) \quad (6.62)$$

なお，積分記号に $\oint$ を使った積分も線積分ですので，もちろん普通に線積分ともよばれます．

さて，式 (6.62) は［補足 6.1］に示すグリーンの定理の式 (S6.2), (S6.3) を使うと，実数項と虚数項について，次のように変形できます．

$$\oint_C (udx - vdy) = -\iint_S \left(\frac{\partial v}{\partial x} + \frac{\partial u}{\partial y}\right) dxdy \quad (6.63a)$$

$$i\oint_C (vdx + udy) = i\iint_S \left(\frac{\partial u}{\partial x} - \frac{\partial v}{\partial y}\right) dxdy \quad (6.63b)$$

ここで，6.2.1 項の式 (6.34) に示した，次のコーシー–リーマンの方程式（式番号を変更して再掲します）

$$\frac{\partial u}{\partial x} = \frac{\partial v}{\partial y} \quad (6.64a)$$

$$\frac{\partial u}{\partial y} = -\frac{\partial v}{\partial x} \quad (6.64b)$$

をいま求めた式 (6.63a), (6.63b) に適用すると，式 (6.63a) は式 (6.64b) によって，また式 (6.63b) は式 (6.64a) によって，それぞれともにゼロになります．

したがって，式 (6.62) の右辺の項はすべてゼロになります．この結果，式 (6.62) の左辺もゼロになって，次の式がなりた立ちます．

$$\oint_C f(z)dz = 0 \quad (6.65)$$

つまり，閉曲線 C 上および C の内部で複素関数 $f(z)$ が正則であるならば，積分路を閉曲線とする $f(z)$ の複素積分はゼロになるということです．この式 (6.65) はコーシーの積分定理，または単にコーシーの定理ともよばれますが，複素関数論で重要な定理です．

6.3.3 コーシーの積分定理の威力
・始点と終点が同じなら積分経路に依存しない

6.3 複素積分とコーシーの定理

◆ 補足 6.1　グリーンの定理

線積分と面積分の変換に使える公式に，次のグリーンの定理の式があります．

$$\oint_C (Pdx + Qdy) = \iint_D \left(\frac{\partial Q}{\partial x} - \frac{\partial P}{\partial y}\right) dxdy \tag{S6.1}$$

この式では左辺は線積分で右辺は面積分ですから，この式は線積分と面積分の変換公式になっています．式 (S6.1) において P, Q, u, v を x と y の関数として $P = u$, $Q = -v$ とおけば次の式

$$\oint_C (udx - vdy) = \iint_D \left(-\frac{\partial v}{\partial x} - \frac{\partial u}{\partial y}\right) dxdy \tag{S6.2}$$

また，$P = v$, $Q = u$ とおけば次の式が成り立ちます．

$$\oint_C (vdx + udy) = \iint_D \left(\frac{\partial u}{\partial x} - \frac{\partial v}{\partial y}\right) dxdy \tag{S6.3}$$

複素積分ではコーシーの積分定理が強力な力を発揮します．まず，積分経路の始点と終点が同じであれば，複素関数 $f(z)$ の複素積分（の値）は経路がどのように違っていても同じになります．ただこれには条件があり，積分経路は複素関数 $f(z)$ が正則領域を通過しなければなりません．

例えば，いま，図 6.10 に示すように，積分経路の始点 A と終点 B があり，AB 間に 2 つの積分経路 C_1 と C_2 を仮定することに

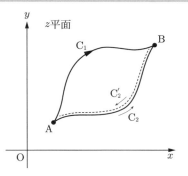

図 6.10　複素積分の値は積分経路に依存しない

しましょう．C_1 と C_2 の向きは矢印の示すように点 A から点 B に向いています．しかし，経路 C_2' の方は点 B から点 A の方向を向いています．すると，コーシーの積分定理によって次の式が成立します．

$$\oint_{C_1 + C_2'} f(z)dz = 0 \tag{6.66}$$

この式 (6.66) は，6.3.1 項で説明した式 (6.57) の関係を使うと，次のように変形できます．

$$\oint_{C_1 + C_2'} f(z)dz = \int_{C_1} f(z)dz + \int_{C_2'} f(z)dz = \int_{C_1} f(z)dz - \int_{C_2} f(z)dz = 0 \tag{6.67}$$

この式 (6.67) の最右端の等式から，次の式が得られます．

$$\int_{C_1} f(z)dz = \int_{C_2} f(z)dz \tag{6.68}$$

つまり，積分経路が C_1 から C_2 へ変化しても複素積分の値は変化しないのです．ですから，複素積分の値は始点と終点が同じなら，その間の積分経路に依存しないことがわかります．

- **正則領域内であれば積分経路の閉曲線が異なっても複素積分の値は同じ**

いま，図 6.11(a) に示す閉曲線 C_1 とその内部では複素関 $f(z)$ が正則であるとします．そして，閉曲線 C_1 の内部に別の小さい閉曲線 C_2 を作り，C_1 と C_2 を直線 C でつないで，C と C_1 および C_2 との交点をそれぞれ点 A および点 B とします．

この状態において，図 6.11(a) に示すように，交点 A を始点として反時計回りに閉曲線 C_1 を 1 周したあと，直線 C を通り閉曲線 C_2 との交点 B から時計回りに閉曲線 C_2 を 1 周したあと，交点 B を経由して始点 A に戻る積分経路を考えます．積分の方向を明確に示すために，便

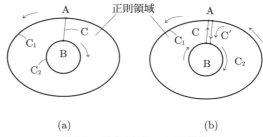

図 **6.11** 結合された 2 つの閉曲線

宜上直線 C を 2 本の直線に分けた図を，図 6.11(b) に示しました．ここで C は点 B から点 A を向く場合とし，A から B へ向く場合を C' とします．そして，周囲を 1 周する場合は反時計回りを正，時計回りを負とすると，積分経路を C_l（C エル）として，積分経路は $C_l = C_1 + C' + (-C_2) + C$ となります．

すると，コーシーの積分定理に従って，積分経路を C_l とする複素関数 $f(z)$ の複素積分は，次のようになります．

$$\oint_{C_l} f(z)dz = \oint_{C_1} f(z)dz + \int_{C'} f(z)dz - \oint_{C_2} f(z)dz + \int_{C} f(z)dz = 0 \tag{6.69}$$

そして積分路が C と C' の複素積分の方向が逆なので，式 (6.57) に従って，これらは相殺されてゼロになります．したがって，この式 (6.69) より次の式が成り立ちます．

$$\oint_{C_1} f(z)dz = \oint_{C_2} f(z)dz \tag{6.70}$$

すなわち，複素積分の積分領域で複素関数 $f(z)$ が正則であれば，積分経路の閉曲線が異なっても，複素積分の値は変化しないという結論が得られます．

6.3.4 コーシーの積分公式

・コーシーの積分公式

次に，関数を $f(z)$ として，関数 $f(z)$ が存在する正則領域のすべての任意の点（$z = a$）の関数値 $f(a)$ が，1つの積分で決まってしまうという有難い複素積分について考えることにします．いま，z 平面上に，図 6.12 に示す，閉曲線 C があり，関数 $f(z)$ は閉曲線 C 上とその内部で正則であるとします．そして，被積分関数が次の式で表されるとします．

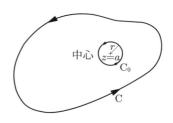

図 6.12 閉曲線内に特異点がある場合の複素積分

$$\frac{f(z)}{z - a} \tag{6.71}$$

この式 (6.71) で表される被積分関数は $z = a$ の点においては微分不可能ですので，この点ではこの被積分関数は正則ではありません．しかし，式 (6.71) で表される関数は $z = a$ 点以外では正則です．この点（$z = a$）を含む積分路を C として，次の式

$$\oint_C \frac{f(z)}{z - a} dz \tag{6.72}$$

で表される複素積分を考えることにします．

式 (6.72) で表される複素積分は，積分経路 C を，図 6.12 に示すような閉曲線 C の内部に設けた，$z = a$ の点を囲む，半径 r の小さい閉曲線 C_0 に変更しても，6.3.3 項に説明したように，その値は変化しません．したがって，次の式が成立します．

$$\oint_C \frac{f(z)}{z - a} dz = \oint_{C_0} \frac{f(z)}{z - a} dz \tag{6.73}$$

閉曲線 C_0 の円周上では，図 6.8 を使って式 (6.60) で説明したように，z と dz は，θ を図 6.8 に示す，実軸に平行な線（x 軸）からの傾き角として，次の式で表

されます.

$$z = a + re^{i\theta}, \quad dz = ire^{i\theta}d\theta \tag{6.74}$$

ただし，ここで r は一定の定数とします．

式 (6.74) の関係を使うと，式 (6.73) の右辺の複素積分は，次のように書き換えられます．

$$\oint_{C_0} \frac{f(z)}{z-a}dz = i\int_0^{2\pi} \frac{f(a+re^{i\theta})}{re^{i\theta}}re^{i\theta}d\theta$$
$$= i\int_0^{2\pi} f(a+re^{i\theta})d\theta \tag{6.75}$$

ここで，$r \to 0$ という極限を考えると，$f(a+re^{i\theta}) \to f(a)$ となるので，式 (6.75) の積分は

$$\lim_{r \to 0} \int_0^{2\pi} f(a+re^{i\theta})d\theta = 2\pi f(a) \tag{6.76}$$

となります．この結果を使うと，式 (6.73) および式 (6.75) から，次の式が得られます．

$$\oint_C \frac{f(z)}{z-a}dz = 2\pi i f(a) \tag{6.77}$$

したがって，関数 $f(z)$ の $z=a$ における値の $f(a)$ は次の複素積分で表されることがわかります．

$$f(a) = \frac{1}{2\pi i}\oint_C \frac{f(z)}{z-a}dz \tag{6.78a}$$

この式はコーシーの積分公式とよばれる式です．コーシーの積分公式は，この式 (6.78a) からわかるように，正則領域内の任意の点における複素関数の値が，右辺の複素積分によって表されることを意味しています．なお，a を z に，z を ξ に変更すると，関数 $f(z)$ が閉曲線 C 上および内部で正則であるならば，次の式が成り立ちます．

$$f(z) = \frac{1}{2\pi i}\oint_C \frac{f(\xi)}{\xi-z}d\xi \tag{6.78b}$$

この式 (6.78b) もコーシーの積分公式とよばれます．この式では ξ が C 上の変数を z が正則領域内の任意の点を表していることに注意すべきです．

・グルサの公式

式 (6.78b) の両辺を z で 1 回微分すると，次の式が得られます．

$$f'(z) = \frac{1}{2\pi i}\oint_C \frac{f(\xi)}{(\xi-z)^2}d\xi \tag{6.79a}$$

一見チョット乱暴に見えますが，積分の定義式を使ってきちんと計算しても（省略しますが）同じ結果が得られます．

さらに，2回，およびn回微分しますと，それぞれ次の式が得られます．

$$f''(z) = \frac{2!}{2\pi i} \oint_C \frac{f(\xi)}{(\xi - z)^3} d\xi \tag{6.79b}$$

$$f^{(n)}(z) = \frac{n!}{2\pi i} \oint_C \frac{f(\xi)}{(\xi - z)^{n+1}} d\xi \tag{6.80}$$

関数 $f(z)$ を n 回微分した $f(z)$ の n 階導関数の式 (6.80) はグルサの公式とよばれる式で，今後も使います．

6.4 複素関数の級数展開

実関数の級数展開ではすでに説明したようにテイラー展開がありますが，複素関数も級数展開が可能です．しかし，複素関数では関数を展開しようとする領域に，正則でない点も存在することがありますので要注意です．特異点での展開級数はローラン展開とよばれますので，ここではテイラー展開とローラン展開について説明します．

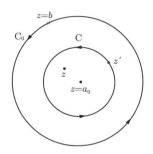

図 6.13 テイラー展開する z 平面の正則点 $z = a_0$

6.4.1 テイラー展開

ここでは複素関数 $f(z)$ が $z = a_0$ で正則であるとします．前項の 6.3.4 項などでは $z = a$ で正則でないとしてきましたので注意してください．また，この点 a_0 にもっとも近い特異点は $z = b$ にありますが，点 b は点 a_0 から相当離れているとします．

いま，図 6.13 に示すように，$z = a_0$ を中心に閉曲線 C を考え，この C の線上の点を z'，C の内部の点を z とすることにします．すると，関数 $f(z)$ は C 上と C 内で正則なので，コーシーの積分公式により C 内の任意の点 z に対して式 (6.78b) の ξ を C 上の点 z' に変更した，次の式が成り立ちます．

$$f(z) = \frac{1}{2\pi i} \oint_C \frac{f(z')}{z'-z} dz' \tag{6.81}$$

ここで，この関数 $f(z)$ の展開式を作るために $1/(z'-z)$ の展開を考えますが，これには次の無限級数の公式が役に立ちます．

$$1 + \alpha + \alpha^2 + \alpha^3 + \cdots = \frac{1}{1-\alpha} \quad (\text{ただし，} |\alpha| < 1) \tag{6.82}$$

この式を念頭において式 $1/(z'-z)$ の展開を考えますが，この式は次のように変形できます．

$$\frac{1}{z'-z} = \frac{1}{(z'-a_0)-(z-a_0)} = \frac{1}{z'-a_0} \cdot \frac{1}{1 - \dfrac{z-a_0}{z'-a_0}} \tag{6.83a}$$

この式 (6.83a) において，z' は図 6.13 の閉曲線 C の円周上の任意の点であり，z は閉曲線内の任意の点を示すので，$z'-a_0 > z-a_0$ となります．したがって，$(z-a_0)/(z'-a_0) < 1$ の関係が成り立ち，無限級数の公式 (6.82) を使うことができます．

すると，式 (6.83a) の最右端に式 (6.82) の関係を適用して，式 (6.83a) は次のようになります．

$$\begin{aligned}
\frac{1}{z'-z} &= \frac{1}{z'-a_0} \left\{ 1 + \left[\frac{z-a_0}{z'-a_0}\right] + \left[\frac{z-a_0}{z'-a_0}\right]^2 + \cdots \right\} \\
&= \frac{1}{z'-a_0} + \frac{z-a_0}{(z'-a_0)^2} + \frac{(z-a_0)^2}{(z'-a_0)^3} + \cdots \\
&= \sum_{k=0}^{\infty} \frac{(z-a_0)^k}{(z'-a_0)^{k+1}}
\end{aligned} \tag{6.83b}$$

この右辺の最後の式 (6.83b) を使って，各項別に z' で積分すると，式 (6.81) の関数 $f(z)$ は，次のように展開できることになります．

$$f(z) = \sum_{k=0}^{\infty} \left[\frac{(z-a_0)^k}{2\pi i}\right] \oint_C \frac{f(z')}{(z'-a_0)^{k+1}} dz' = \sum_{k=0}^{\infty} C_k (z-a_0)^k \tag{6.84}$$

ここで，C_k は次の式

$$C_k = \frac{1}{2\pi i} \oint_C \frac{f(z')}{(z'-a_0)^{k+1}} dz' \tag{6.85}$$

で表されます．式 (6.80) のグルサの公式を使うと，この式 (6.85) の C_k は $C_k =$

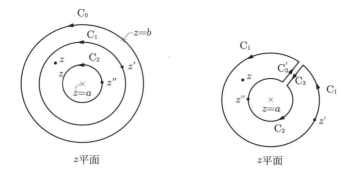

図 6.14 ローラン展開する z 平面の特異点 $z=a$ と各閉曲線

図 6.15 積分路 C の C_1 と C_2 への分割

$(1/k!)f^{(k)}(a_0)$ となるので，この関係を使って式 (6.84) の $f(z)$ は，次の式で展開できることがわかります．

$$f(z) = f(a_0) + \frac{f'(a_0)}{1!}(z-a_0) + \frac{f^{(2)}(a_0)}{2!}(z-a_0)^2 \\ + \frac{f^{(3)}(a_0)}{3!}(z-a_0)^3 + \cdots \quad (6.86)$$

この展開式 (6.86) は複素関数のテイラー展開といわれます．

なお，最初に指摘しておいたように $z=a_0$ から離れた点の $z=b$ には関数 $f(z)$ の特異点があります．特異点を通り，中心を $z=a_0$ とする円を C_0 とすると，この円の内部の任意の点において $f(z)$ はテイラー展開可能ということになります．テイラー展開の収束範囲は，$|z-a_0| < |b-a_0|$ となりますが，$b-a_0$ を半径とする円は収束円とよばれ，収束円の半径 $b-a_0$ は収束半径といわれます．この収束半径の内部が関数 $f(z)$ の正則な領域（定義領域）となっています．

6.4.2 ローラン展開

ローラン展開では，図 6.14 に示すように，z 平面の $z=a$ に特異点があるとします．この特異点にもっとも近い別の特異点は $z=b$ にあり，図 6.14 に示すように，この特異点 $z=b$ は $z=a$ を中心とする円 C_0 の円周上に位置しています．

また，図 6.14 に示すように，特異点 $z=a$ を囲み，この点 a を中心とした 2 つの円のうち，点 a に近い方の円を C_2，遠い方の円を C_1 とすることにします．そして，点 z' は C_1 上にあり，点 z'' は C_2 上にあるとします．

円 C_1 と C_2 で挟まれた領域に点 z が存在するとすると，2 つの円 C_1 と C_2 の円周上と，挟まれた領域では関数 $f(z)$ は正則なので，C_1 円周上の点 z' を用い，コーシーの積分公式を使うと，C を閉曲線として，$f(z)$ は次の式で表されます．

$$f(z) = \frac{1}{2\pi i} \oint_C \frac{f(z')}{z' - z} dz' \tag{6.87}$$

この式の閉曲線 C は当然円 C_1 と C_2 で構成されますが，式 (6.87) が成り立つためには積分路を構成する閉曲線 C と C の内部は正則でなければならないので，円 C_2 の内部に存在する特異点 $z = a$ を避ける工夫が必要です．そこで，前にも使ったように，閉曲線 C として図 6.15 に示すように，C_1 と C_2 が 1 つの積分路 C になるようにします．

すなわち，積分路 C を図 6.15 に従って，次のように分割します．

$$C = C_1 + C_3 + C_3' - C_2 \to C = C_1 - C_2 \tag{6.88}$$

式 (6.88) では，$C_3 = -C_3'$ の関係があるので，結局，$C = C_1 - C_2$ となっています．

したがって，式 (6.87) の積分路 C はこの C と C_1 および C_2 の関係を使って，次のように書き換えられます．

$$f(z) = \frac{1}{2\pi i} \left\{ \oint_{C_1} \frac{f(z')}{z' - z} dz' - \oint_{C_2} \frac{f(z'')}{z'' - z} dz'' \right\} \tag{6.89}$$

次に，式 (6.89) の右辺の 2 つの式を級数に展開することを考えます．まず，円周 C_1 上の点 z' と C_1 内の点 z については，$|z' - a| > |z - a|$ の関係が成り立つので，テイラー展開のときと同様に，$1/(z' - a)$ は次のように展開できます．

$$\frac{1}{z' - z} = \sum_{k=0}^{\infty} \frac{(z - a)^k}{(z' - a)^{k+1}} \tag{6.90}$$

次に，円周 C_2 上では，$|z'' - a| < |z - a|$ となり，大小関係が先ほどと逆になるので注意と工夫が必要ですが，$1/(z'' - z)$ は $(z - a)$ を分母にして，次のように展開できます．

6.4 複素関数の級数展開

$$\frac{1}{z''-z} = \frac{1}{(z''-a)-(z-a)} = -\frac{1}{(z-a)-(z''-a)}$$

$$= -\frac{1}{(z-a)} \cdot \frac{1}{1-\dfrac{z''-a}{z-a}}$$

$$= -\frac{1}{(z-a)}\left\{1 + \left[\frac{z''-a}{z-a}\right] + \left[\frac{z''-a}{z-a}\right]^2 + \cdots\right\}$$

$$= -\frac{1}{z-a} - \frac{z''-a}{(z-a)^2} - \frac{(z''-a)^2}{(z-a)^3} - \cdots - \frac{(z''-a)^{k-1}}{(z-a)^k}$$

$$= -\sum_{k=1}^{\infty} \frac{(z''-a)^{k-1}}{(z-a)^k} = -\sum_{k=1}^{\infty}(z-a)^{-k}(z''-a)^{k-1} \quad (6.91)$$

ここで，右辺の最後の式において，$\infty \to -\infty$, $k \to -k$ と符号を逆にすると，次のように書き換えることができます．

$$\frac{1}{z''-z} = -\sum_{k=-1}^{-\infty}(z-a)^k(z''-a)^{-k-1} \quad (6.92)$$

式 (6.90) と (6.92) を式 (6.89) に代入して項別に積分すると，$f(z)$ は次のようになります．

$$f(z) = \sum_{k=0}^{\infty}(z-a)^k \frac{1}{2\pi i}\oint_{C_1} \frac{f(z')}{(z'-a)^{k+1}}dz'$$

$$+ \sum_{k=-1}^{-\infty}(z-a)^k \frac{1}{2\pi i}\oint_{C_2} \frac{f(z'')}{(z''-a)^{k+1}}dz'' \quad (6.93)$$

この式 (6.93) の第 1 項と第 2 項は，積分路以外は同じ式と考えられます．元々積分路 C_1 と C_2 は式 (6.88) にしたがって分割したものですので，積分路 C_1 と C_2 を元の 1 つの積分路 C に戻すと，積算の範囲が $-\infty$ から ∞ に変更されますが，式 (6.93) の $f(z)$ は，まとめて示すと次の式で表されることがわかります．

$$f(z) = \sum_{k=-\infty}^{\infty}(z-a)^k \frac{1}{2\pi i}\oint_C \frac{f(z')}{(z'-a)^{k+1}}dz' \quad (6.94)$$

この式の $1/(2\pi i)$ 以降の積分の部分を，次の式

$$c_k = \frac{1}{2\pi i}\oint_C \frac{f(z')}{(z'-a)^{k+1}}dz' \quad (k=0,\pm 1,\pm 2,\ldots) \quad (6.95)$$

で表す係数 c_k だと考えれば，関数 $f(z)$ は特異点 $z=a$ のまわりに，次の式

$$f(z) = \sum_{k=-\infty}^{\infty} c_k(z-a)^k \tag{6.96}$$

で展開できることになります．この展開は特異点 $z=a$ のまわりの関数 $f(z)$ のローラン（Laurent）展開とよばれます．

6.5 留数と極および解析接続

6.5.1 留 数

・名称の由来

z 平面において関数 $f(z)$ の存在する領域が点 $z=a$ を除いて正則であるとき，この点 $z=a$ は孤立特異点といわれます．こうした特異点を含む関数 $f(z)$ の，次の式

$$\oint_C f(z)dz \tag{6.97}$$

で表される積分はどのようになるでしょうか？

この問題には 6.4.2 項で議論したローラン展開が使えそうです．なぜかといいますと，ローラン展開は特異点のまわりで関数 $f(z)$ を展開したものだからです．そこで，前項の $f(z)$ のローランの展開式 (6.96) を使って，次の式で表される複素積分を考えることにします．

$$\oint_C f(z)dz = \oint_C \left\{ \sum_{k=-\infty}^{\infty} c_k(z-a)^k \right\} dz \tag{6.98}$$

この式は展開式の各 k 項の複素線分を計算し，その和をとればよいので，まず，次の k 項の積分演算について考えておくことにします．

$$\oint_C c_k(z-a)^k dz \tag{6.99}$$

この式 (6.99) では点 $z=a$ は特異点ですので，積分領域にこの点を含まないようにするために，この点を中心として半径 r の円周上（正則領域）を C とし，この円周上を積分路として積分することにします．そして，$z = re^{i\theta}$ とおくと，$dz = re^{i\theta}id\theta$ となるとともに，$(z-a)^k = r^k e^{ik\theta}$ となります．これらの関係を式 (6.99) に代入すると，次の式が得られます．

$$\oint_C c_k(z-a)^k dz = c_k \int_0^{2\pi} r^{k+1} e^{i(k+1)\theta} i d\theta \tag{6.100}$$

次に，式 (6.100) を具体的に計算するには，k を場合分けして演算する必要があります．まず，$k = -1$ のときには，式 (6.100) の右辺は，次のように演算できます．

$$ic_{-1} \int_0^{2\pi} d\theta = 2\pi i c_{-1} \tag{6.101}$$

また，k が -1 以外のとき，つまり $k \neq -1$ では，まず指数関数 $e^{i(k+1)\theta}$ を，オイラーの公式を使って，$e^{i(k+1)\theta} = \cos(k+1)\theta + i\sin(k+1)\theta$ と書き換えて少し演算します．すると，式 (6.100) の右辺は，次の式に示すようにゼロになります．

$$ic_k r^{k+1} \int_0^{2\pi} [\cos(k+1)\theta + i\sin(k+1)\theta] d\theta = 0 \tag{6.102}$$

なぜかといいますと，$\cos\theta$ と $\sin\theta$ の 0 から 2π までの 1 周期の積分では，これらの関数の値が，図 6.16 に示すように，正から負に変化します．そして，x 軸とこれらの曲線が囲む正の部分と負の部分が等しくなるので，0 から 2π までの 1 周期の積分の値は $\cos\theta$ と $\sin\theta$ の項はともにゼロになるからです．

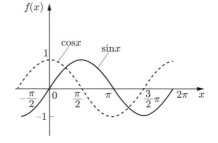

図 6.16 三関数の 0 から 2π までの積分はゼロ

したがって，式 (6.99) の積分は $k = -1$ の場合の積分以外はすべて 0 になり，残るのは $k = -1$ の場合の式 (6.101) の $2\pi i c_{-1}$ だけです．だから，式 (6.97) の $f(z)$ の複素積分の結果は $2\pi i c_{-1}$ となり，次の式が得られます．

$$\oint_C f(z) dz = 2\pi i c_{-1} \tag{6.103}$$

実はこのローラン展開の $k = -1$ の場合の係数 c_{-1} が留数とよばれるのですが，その理由はここに説明したように，この係数の項だけが残るからです．いわば，この残った係数は残りものの福というわけです．以上の結果，孤立点を含む関数を複素積分したものは，留数とよばれる係数の $2\pi i$ 倍になることがわかります．

• 留数

留数，つまり，$k = -1$ の場合の係数 c_{-1} は，式 (6.103) から，次の式で表されることがわかります．

$$c_{-1} = \frac{1}{2\pi i} \oint_C f(z)dz \tag{6.104a}$$

この留数 c_{-1} は，（式は同じですが）表示記号に $\mathrm{Res}(f, a)$ を使うと，次の式で表されます．

$$\mathrm{Res}(f, a) = \frac{1}{2\pi i} \oint_C f(z)dz \tag{6.104b}$$

だから，特異点を囲む（正則領域における）複素関数 $f(z)$ の複素積分 $\oint_C f(z)dz$ は，留数 $\mathrm{Res}(f, a)$ を使って，次の式で表されることがわかります．

$$\oint_C f(z)dz = 2\pi i\, \mathrm{Res}(f, a) \tag{6.105}$$

次に，閉曲線 C の中に特異点が1個ではなく，図 6.17 に示すように，多くの $a_1, a_2, a_3, \ldots, a_n$ などの特異点が存在する場合について考えることにします．これまで説明してきたように，閉曲線 C を積分路とする複素積分では，6.3.3 項の図 6.11(b) に示した方法により，閉曲線 C は内部の

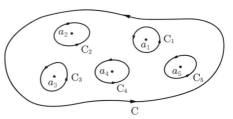

図 6.17 多数の特異点がある場合

小さい閉曲線 $C_1, C_2, C_3, \ldots, C_n$ の和となり，C は次の式で表されます．

$$C = C_1 + C_2 + C_3 + \cdots + C_n \tag{6.106}$$

そして，ここでは各閉曲線 $C_1, C_2, C_3, \ldots, C_n$ はそれぞれ特異点 $a_1, a_2, a_3, \ldots, a_n$ を囲む閉曲線とします．

したがって，内部に多くの特異点を含む，図 6.17 に示すような閉曲線 C を積分路とする関数 $f(z)$ の複素積分は，閉曲線 $C_1, C_2, C_3, \ldots, C_n$ を使って，次の式

$$\oint_C f(z)dz = \oint_{C_1} f(z)dz + \oint_{C_2} f(z)dz + \oint_{C_3} f(z)dz + \cdots + \oint_{C_n} f(z)dz \tag{6.107}$$

で示すようになります．そして，各複素積分の値は式 (6.105) に示すように，特

6.5 留数と極および解析接続

異点 $a_1, a_2, a_3, \ldots$ に対する留数に $2\pi i$ を掛けたものになりますので，結局，$f(z)$ の複素積分は次の式

$$\oint_C f(z)dz = 2\pi i \{\text{Res}(f, a_1) + \text{Res}(f, a_2) + \text{Res}(f, a_3) + \cdots + \text{Res}(f, a_n)\}$$

$$= 2\pi i \sum_{k=1}^{n} \text{Res}(f, ak) \tag{6.108}$$

で示すように各留数の和に，$2\pi i$ を掛けたものなります．この式 (6.108) は留数の定理とよばれています．

ここで，複素関数の極について簡単に述べておくことにします．すなわち，関数 $f(z)$ の孤立特異点 $z = a$ において，次の式

$$\lim_{z \to a} f(z) = \infty \tag{6.109}$$

が充たされるとき，$z = a$ は $f(z)$ の極といわれます．だから，特異点は極ともよばれます．そして，$z = a$ に特異点のある関数 $f(z)$ は，次の形の式で表されます．

$$f(z) = \frac{c}{(z-a)^n} \qquad (c \neq 0, n = 1, 2, \ldots) \tag{6.110}$$

このため，この式の $z = a$ は $f(z)$ の極ですが，$(z-a)$ の n 乗になっていることから，この極は n 位の極とよばれます．だから，$n = 1$ のときの極は 1 位の極とよばれます．

そして，このような $z = a$ に n 位の極をもつ複素関数 $f(z)$ に対しては，次の 2 つの式が成り立ちます．

$$\lim_{z \to a}(z-a)^{n-1}f(z) = \infty, \quad \lim_{z \to a}(z-a)^n f(z) = c \neq 0 \quad (c \text{ は定数}) \tag{6.111}$$

6.5.2 留数の計算の仕方

特異点を含む複素関数の複素積分は，留数または留数の和の $2\pi i$ 倍によって得られる，ということは一応理解できます．しかし，留数はどのように求めたらいいのでしょうか？ というのは，留数の定義の式 (6.104a)，(6.104b) は右辺の値を求めるために使われるものだから，この定義式からは求まりそうにはありません．となると初学者は困ってしまいます．しかし，心配は要りません．留数の値を計算する比較的簡便な計算方法が別にあるのです．そこでこの方法をここで説明することにします．

いま，図 6.18 に示すように閉曲線 C の中に，1 位の極，つまり，特異点を $z = a$ にもつ複素関数 $f(z)$ を仮定しましょう．この場合は関数 $f(z)$ は $z = a$ の極以外では正則なので，極を中心にして半径 r の閉曲線 C_0 を使うと，次の式が成り立ちます．

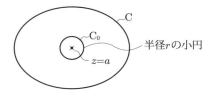

図 6.18 極（特異点）$r = a$ を囲む 2 つの閉曲線 C と C_0

$$\oint_C f(z)dz = \oint_{C_0} f(z)dz \tag{6.112}$$

すると，閉曲線 C_0 の上では，z および dz は次の式で表されます．

$$z = a + re^{i\theta} \tag{6.113a}$$

$$dz = ire^{i\theta}d\theta \tag{6.113b}$$

式 (6.113b) は式 (6.113a) を使って，次の式のようにも書けます．

$$dz = i(z - a)d\theta \tag{6.113c}$$

式 (6.112) と式 (6.113c) を使って，式 (6.104b) で表される留数 $\mathrm{Res}(f, a)$ の式を書き換えると，留数は次の式 (6.114) で表されることがわかります．

$$\mathrm{Res}(f, a) = \frac{1}{2\pi i} \oint_C f(z)dz = \frac{1}{2\pi i} \oint_{C_0} f(z)dz$$
$$= \frac{1}{2\pi} \int_0^{2\pi} (z - a)f(z)d\theta \tag{6.114}$$

最初に仮定したように，$f(z)$ は $z = a$ で 1 位の極をもつので，z が a のとき無限大になりますが，式 (6.111) に従って，次の式が成り立ちます．

$$\lim_{z \to a}(z - a)f(z) = c \tag{6.115}$$

そして，閉曲線 C_0 の半径 r を 0 に漸近させると，式 (6.113a) から $z \to a$ となります．そして，C_0 の半径を 0 に漸近させても $f(z)$ の積分値は変わらないので，式 (6.114) で表される留数 $\mathrm{Res}(f, a)$ は，次の式に示すように演算できます．

$$\mathrm{Res}(f, a) = \lim_{z \to a} \frac{1}{2\pi} \int_0^{2\pi} (z - a)f(z)d\theta = \frac{1}{2\pi} \int_0^{2\pi} c\, d\theta = c \tag{6.116}$$

ここで，式 (6.115) の c と式 (6.116) の c はまったく同じものですから，関数

6.5 留数と極および解析接続

$f(z)$ が 1 位の極をもつ場合の留数は,次の式で求められることがわかります.

$$\text{Res}(f, a) = \lim_{z \to a}(z - a)f(z) \tag{6.117}$$

すなわち,複素関数の留数は難しい積分演算をする必要はなく極限の計算から簡単に得られることがわかります.

次に,$z = a$ が $f(z)$ の n 位の極である場合の留数を考えることにします.そこで,$f(z)$ を $f(z) = \{(z-a)^n f(z)\}/(z-a)^n$ とおくと,留数 $\text{Res}(f, a)$ は定義にしたがって

$$\text{Res}(f, a) = \frac{1}{2\pi i}\oint_C \frac{(z-a)^n f(z)}{(z-a)^n}dz \tag{6.118}$$

となります.

ここで,6.3.4 項の式 (6.80) で示したグルサの公式を使うと,関数 $(z-a)^n f(z)$ の $(n-1)$ 回微分は,次の式で表されます.

$$\frac{d^{n-1}}{dz^{n-1}}\{(z-a)^n f(z)\} = \frac{(n-1)!}{2\pi i}\oint_C \frac{(\xi-a)^n f(\xi)}{(\xi-z)^n}d\xi \tag{6.119}$$

この式 (6.119) の両辺で $z \to a$ の極限をとると,次のようになります.

$$\lim_{z \to a}\frac{d^{n-1}}{dz^{n-1}}\{(z-a)^n f(z)\}$$
$$= \lim_{z \to a}\frac{(n-1)!}{2\pi i}\oint_C \frac{(\xi-a)^n f(\xi)}{(\xi-z)^n}d\xi$$
$$= \frac{(n-1)!}{2\pi i}\oint_C \frac{(\xi-a)^n f(\xi)}{(\xi-a)^n}d\xi \tag{6.120}$$

この式 (6.120) において ξ を z に読み換えて,式 (6.118) を使うと,次の式

$$\lim_{z \to a}\frac{d^{n-1}}{dz^{n-1}}\{(z-a)^n f(z)\} = (n-1)!\,\text{Res}(f, a) \tag{6.121}$$

が得られ,この式から n 位の極の留数 $\text{Res}(f, a)$ が,次の式で表されることがわかります.

$$\text{Res}(f, a) = \frac{1}{(n-1)!}\lim_{z \to a}\frac{d^{n-1}}{dz^{n-1}}\{(z-a)^n f(z)\} \tag{6.122}$$

この式 (6.122) において $n = 1$ とおくと,$(n-1)! = 0! = 1$ なので,1 位の極をもつ場合の留数を計算する式が得られ,当然ですが,式 (6.117) と同じ式になります.だから,式 (6.122) は任意の(値の)位の極をもつ場合の留数の計算式になっています.

・留数を用いた複素積分の計算

次の 2 つの複素積分の値 I を計算してみましょう．

① $\quad I = \oint_{C|z|=2} \dfrac{1}{z^2(z-3)} dz,\quad$ ② $\quad I = \oint_{C|z|=3} \dfrac{e^z}{z^2-4} dz$

まず，この問題の積分経路は C ですが，問題①では z の絶対値が 2 ですので，この経路（円）の半径が図 6.19(a) に示すように 2 になります．また，問題②では同じく図 6.18(b) に示すように積分経路の半径は 3 になります．

問題①では積分経路 C の内部にある特異点は $z=0$ にある 2 位の極です．したがって，留数は式 (6.122) にしたがって，次のように計算できます．

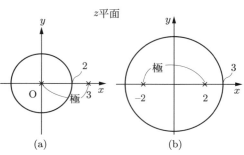

図 6.19 積分範囲は閉曲線内部で，極は × 印で示す

$$\mathrm{Res}(f,0) = \dfrac{1}{1!} \lim_{z \to 0} \dfrac{d}{dz} \left\{ z^2 \dfrac{1}{z^2(z-3)} \right\} dz = \lim_{z \to 0} \dfrac{d}{dz} \dfrac{1}{z-3}$$
$$= \lim_{z \to 0} \left\{ -\dfrac{1}{(z-3)^2} \right\} = -\dfrac{1}{9}$$

したがって，$I = 2\pi i\, \mathrm{Res}(f,0) = 2\pi i \times (-1/9) = -(2\pi/9)i$ と求まります．

問題②では，積分経路 C の内部にある特異点は $z=2$ と $z=-2$ の 2 つの 1 位の極です．したがって，これらの極に対する留数 $\mathrm{Res}(f,2)$ と $\mathrm{Res}(f,-2)$ は，次のようになります．

$$\mathrm{Res}(f,2) = \lim_{z \to 2} \dfrac{(z-2)e^z}{z^2-4} = \dfrac{e^2}{4}$$
$$\mathrm{Res}(f,-2) = \lim_{z \to -2} \dfrac{(z+2)e^z}{z^2-4} = -\dfrac{e^{-2}}{4}$$

したがって，$I = 2\pi i \{\mathrm{Res}(f,2) + \mathrm{Res}(f,-2)\} = 2\pi i/4 \times (e^2 - e^{-2}) = \pi i(e^2 - e^{-2})/2$ と求まります．

6.5.3 留数の実積分への応用

積分の計算は積分関数の複雑さの程度にもよりますが，一般には難しい場合が多いとされています．この難しい積分計算が留数を使うことによって比較的楽に行える場合がしばしばあります．そこでここでは，そうした一二の例を見ておくことにしましょう．実積分を複素平面上で考えると，実軸上の積分に限られるのですが，実積分への留数の応用では，実軸上の積分路を含む閉曲線を複素

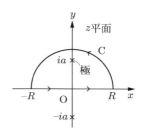

図 6.20 実軸上と円周上の積分路と 1 個の極

平面上に作って，積分計算を行うことを考えるのです．留数を使えばこれが可能です．前置きはこれくらいにして，次に例題を見てみましょう．

例 1. 次の積分の I を求めよ．

$$I = \int_0^\infty \frac{1}{a^2 + x^2} dx \quad (a > 0) \tag{6.123}$$

この問題では，図 6.20 に示すように，複素平面 (z 平面) 上の半径 R の半円の全周囲を囲む閉曲線を積分路 C と考えます．そして，関数 $f(z)$ を $f(z) = 1/(a^2 + z^2)$ として，まず次の複素積分 I' を求めます．

$$I' = \oint_C f(z)dz = \oint_C \frac{1}{a^2 + z^2} dz \tag{6.124}$$

特異点は，関数 $f(z)$ が f 無限大に発散するときの z の値で決まるので，この関数 $f(z)$ では $a^2 + z^2 = 0$ を充たす z の値，すなわち，$z = \pm ia$ が特異点となります．だから，図 6.20 では，特異点は虚数軸の y 軸上に × 印を付けた位置の座標点になります．しかし，閉曲線 C 内にある特異点は 2 つの特異点の中の ia のみです．

特異点 ia の留数を求めて式 (6.124) の I' を計算すると，次のようになります．

$$I' = 2\pi i \operatorname{Res}(f, ia) = 2\pi i \lim_{z \to ia} (z - ia) f(z)$$
$$= 2\pi i \lim_{z \to ia} (z - ia) \frac{1}{a^2 + z^2} = \frac{2\pi i}{i2a} = \frac{\pi}{a}$$

次に，積分路 C を実軸に沿う部分と，半円周の部分 C_R に分けて積分することにします．実軸上では，$z = x$, $dz = dx$ とし，この積分を I_1 として R を ∞ に

漸近させると，次のように元の積分の 2 倍になります．

$$I_1 = \int_{-R}^{R} \frac{1}{a^2+x^2} dx = 2\int_0^R \frac{1}{a^2+x^2} dx$$
$$\to (R\to\infty) \to 2\int_0^\infty \frac{1}{a^2+x^2} dx = 2I$$

また，半円 C_R 上の積分はこれを I_2 とすると，$z = Re^{i\theta}$，$dz = Re^{i\theta}id\theta$ として，I_2 は

$$I_2 = \oint_{CR} f(z)dz = i\int_0^\pi \frac{Re^{i\theta}}{a^2+R^2 e^{2i\theta}} d\theta$$

となります．ここで，6.1.2 項で述べた三角不等式関係 $|a^2 + R_2 e^{2i\theta}| \geq R^2 - a^2$ を使うことにします．すると，I_2 の絶対値は次のように演算でき，R を無限大にすると，I_2 は 0 に漸近します．

$$|I_2| = \left|\int_0^\pi \frac{Re^{i\theta}}{a^2+R^2 e^{2i\theta}} d\theta\right|$$
$$\leq \int_0^\pi \frac{R}{R^2-a^2} d\theta \leq \frac{\pi R}{R^2-a^2} \to (R\to\infty) \to 0$$

複素積分 I' の値は閉曲線の半径を無限大にしても変わらないので，I' は I_1 と I_2 の和になることから，$I' = I_1 + I_2 \to 2I$ となります．そして，I_2 はゼロですから，問題の式 (6.123) の積分 I は $I = I'/2$，すなわち $I = \pi/2a$ となります．

例 2. 次の積分の I を求めよ．

$$I = \int_0^\infty \frac{1}{a^4+x^4} dx \quad (a > 0) \tag{6.125}$$

この問題でも，図 6.21 に示すように，複素平面（z 平面）上の半径 R の半円の閉曲線を積分路 C として考えます．そして，関数 $f(z)$ を $f(z) = 1/(a^4+z^4)$ として，まず，次の複素積分 I' を計算します．

$$I' = \oint_C f(z)dz = \oint_C \frac{1}{a^4+z^4} dz \quad (6.126)$$

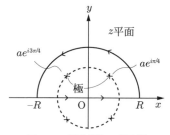

図 6.21　積分路と 2 個の極

この複素関数 $f(z)$ も特異点をもち，それらは $a^4 + z^4 = 0$ を充たす z の値で決まります．$a^4 + z^4 = 0$ は強引に因数分解すると，$z^4 + a^4 = (z^2 + ia^2)(z^2 - ia^2) =$

$(z+ii^{1/2}a)(z-ii^{1/2}a)(z+i^{1/2}a)(z-i^{1/2}a)$ となります．ここで，$i^2 = -1$ と，2章の式 (2.16) に示した $e^{i\pi/2} = i$ の関係を使うと，$(z+ii^{1/2}a)(z-ii^{1/2}a)(z+i^{1/2}a)(z-i^{1/2}a) = (z+e^{i3\pi/4}a)(z-e^{i3\pi/4}a)(z+e^{i\pi/4}a)(z-e^{i\pi/4}a) = (z-e^{i7\pi/4}a)(z-e^{i3\pi/4}a)(z-e^{i5\pi/4}a)(z-e^{i\pi/4}a) = 0$ と変形できます．

この式から，特異点の z 平面の座標として，$z_1 = e^{i\pi/4}a$，$z_2 = e^{i3\pi/4}a$，$z_3 = e^{i5\pi/4}a$，$z_4 = e^{i7\pi/4}a$ が得られます．これらの特異点のうち，図 6.21 の閉曲線 C の中に含まれるものは，図の示すように z_1 と z_2 のみです．

z_1 と z_2 の2つの特異点の留数，$\mathrm{Res}(f, ae^{i\pi/4})$ と $\mathrm{Res}(f, ae^{i3\pi/4})$ は，次のように演算できます（詳細は省略しますので章末の演習問題で挑戦してください）．

$$\mathrm{Res}(f, ae^{i\pi/4}) = \lim_{z \to ae^{i\pi/4}} (z - ae^{i\pi/4})\frac{1}{a^4 + z^4} = \frac{e^{-i3\pi/4}}{4a^3} \tag{6.127a}$$

$$\mathrm{Res}(f, ae^{i3\pi/4}) = \lim_{z \to ae^{i3\pi/4}} (z - ae^{i3\pi/4})\frac{1}{a^4 + z^4} = \frac{e^{-i\pi/4}}{4a^3} \tag{6.127b}$$

したがって，複素積分 I' は留数を使って，次のように求めることができます．

$$I' = 2\pi i \left\{ \mathrm{Res}(f, ae^{i\pi/4}) + \mathrm{Res}(f, ae^{i3\pi/4}) \right\} = \frac{\pi i}{2a^3}(e^{-i3\pi/4} + e^{-i\pi/4})$$
$$= \frac{\pi}{a^3}\sin(\pi/4) = \frac{\sqrt{2}}{2a^3}\pi \tag{6.128}$$

次に，z 平面における積分路を前問の場合と同様に，実軸上 ($z \to x$) と半円周 C_R 上に分けて，計算しますが，実軸上ではこの積分を I_1 とすると，I_1 は次のようになります．

$$I_1 = \int_{-R}^{R} \frac{1}{x^4 + a^4}dx = 2\int_0^R \frac{1}{x^4 + a^4}dx$$
$$\to (R \to \infty) \to 2\int_0^\infty \frac{1}{z^4 + a^4}dz = 2I \tag{6.129}$$

また，半円周 C_R 上での積分 I_2 は，$z = Re^{i\theta}$ とおいて $dz = Re^{i\theta}id\theta$ を求め，これらを使うと，次のようになります．

$$I_2 = \int_{C_R} \frac{1}{z^4 + a^4}dz = i\int_0^\pi \frac{Re^{i\theta}}{a^4 + R^4 e^{i4\theta}}d\theta \tag{6.130}$$

この式の計算にも，前問の場合と同様に三角不等式を使うことにします．すると，R を無限大にすると，I_2 は次のようには 0 に漸近します．

$$|I_2| = \left| \int_0^\pi \frac{Re^{i\theta}}{a^4 + R^4 e^{i4\theta}} d\theta \right|$$
$$\leq \int_0^\pi \frac{R}{R^4 - a^4} d\theta \leq \pi \frac{R}{R^4 - a^4} \to (R \to \infty) \to 0$$

そして,複素積分 I' は R を無限大にしても値は変わりません.したがって,$I' = I_1 + I_2 = 2I + 0$ となり,課題の積分 I は I' の 2 分の 1 になります.だから,I' は式 (6.128) に示すように,$(\sqrt{2}/2a^3)\pi$ になるので,結局 I は $I = (\sqrt{2}/4a^3)\pi$ と求まります.

6.5.4 解析接続

複素関数では正則領域が関数の定義領域ですが,この関数の定義領域を拡大させる手法に解析接続といわれるものがあります.解析接続は解析的延長ともいわれます.抽象論ではわかりにくいので,ここでは具体的な複素関数を使って説明することにします.

いま,複素関数 $f(z)$ として次の関数があるとします.

$$f(z) = \frac{1}{1-z} \tag{6.131}$$

この関数 $f(z)$ を $z = 0$ のまわりでテイラー展開すると,次のようになります.

$$f(z) = 1 + z + z^2 + \cdots \tag{6.132}$$

式 (6.131) で表される関数は $z = 1$ の点に特異点がありますが,$z = 0$ と $z = 1$ の間の間隔は 1 です.だから,6.4.1 項のテイラー展開の項で説明したように,この関数 $f(z)$ の収束半径は 1 で,半径が 1 の円は収束円になります.この収束円を C_0 とすると,C_0 の内部が関数 $f(z)$ の定義領域ということになります.図に示すと,図 6.22 に示す,原点を中心にした半径 1 の円 C_0 の内部がこの関数の定義域です.

次に,この図に示すように,収束円 C_0 の内部の 1 点に z_1 をとり,この点 z_1 を中心に

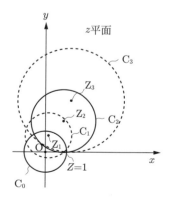

図 6.22 解析接続による関数の定義区域の拡大の手法

して，この点 $z = z_1$ と特異点 $(z = 1)$ との直線距離を半径とする円を描き，この円を C_1 とすると，この円 C_1 は収束円になり，円の内部は $f(z)$ の定義できる領域になります．このとき，関数の定義領域は最初の C_0 の内部と重なる部分ができこの部分は重複し，C_0 と C_1 の両方の円の内部になります．しかし，ともかく C_1 の内部には特異点はないので，詳しい議論は省略しますが，C_1 の内部が定義領域になり定義領域は拡大されます．続いて，図に示すように，新しい収束円 C_1 の内部に $z = z_2$ を，次は $z = z_3$ というように同様の処理を無限回続けると，収束円は徐々に拡大し，遂には，関数の定義領域は $z = 1$ の特異点を除く，z 平面のほぼ全域に拡大できます．このようにテイラー展開の収束円を使うと，関数の定義領域を拡張することができます．だから，解析接続はテイラー展開などを使って関数の定義領域を拡張させる数学的な操作であると理解することもできます．

演 習 問 題

6.1 三角公式 $\cos^2\theta = (1 + \cos 2\theta)/2$ をオイラーの公式を用いて導け．

6.2 オイラーの公式において $\theta = \pi/2$ とおくと，$e^{i\pi/2} = i$ の関係が得られることを示し，$x^4 + 1 = 0$ の 4 個の根（虚数）を，指数関数を用いて表せ．

6.3 複素関数 $f(z)$ は w 平面では $f(z) = w$ となる．$z = x + iy$, $w = u + iv$ として，次の (a) と (b) の関数 $f(z)$ がコーシー–リーマン方程式を充たすことを示せ．
(a) $f(z) = z^2$, (b) $f(z) = \cos z$

6.4 記号 k が任意の整数を表し，積分路 C が原点の中心とする半径 2 の円であるとして，次の積分 $I_k = \oint_C e^z/z^k dz$ を計算せよ．

6.5 複素関数 $f(z) = 1/(1-z)$ の $z = 0$ のまわりのテイラー展開を求め，収束半径を示せ．

6.6 留数を使って，複素関数の積分 $I = \oint_{C:|z|=2} \{1/(z^2+1)\} dz$ を計算せよ．

6.7 留数を使って次の実績分 $I = \int_0^{2\pi} \{1/(3 + \cos\theta)\} d\theta$ を計算せよ．

6.8 式 (6.127a) が正しいことを示せ．

演習問題の解答

0章

0.1 縦行列になり，次のように表される．
$$A = \begin{bmatrix} 5 \\ 6 \\ 7 \end{bmatrix}$$

0.2 課題の連立方程式は行列を使って表すと，次のようになる．
$$\begin{bmatrix} 5 & 6 \\ 3 & 4 \end{bmatrix} \begin{bmatrix} x \\ y \end{bmatrix} = \begin{bmatrix} 7 \\ 8 \end{bmatrix}$$

0.3 カメが x 匹，ツルが y 羽いるとすると，連立方程式は $x+y=8$，$4x+2y=22$ となるので，行列で表すと
$$\begin{bmatrix} 1 & 1 \\ 4 & 2 \end{bmatrix} \begin{bmatrix} x \\ y \end{bmatrix} = \begin{bmatrix} 8 \\ 22 \end{bmatrix}$$
となる．この連立方程式を行列式を使って解くと
$$x = \frac{\begin{vmatrix} 8 & 1 \\ 22 & 2 \end{vmatrix}}{\begin{vmatrix} 1 & 1 \\ 4 & 2 \end{vmatrix}} = \frac{16-22}{2-4} = 3, \quad y = \frac{\begin{vmatrix} 1 & 8 \\ 4 & 22 \end{vmatrix}}{\begin{vmatrix} 1 & 1 \\ 4 & 2 \end{vmatrix}} = \frac{-10}{-2} = 5$$
したがって，カメは 3 匹，ツルは 5 羽となる．

0.4 y 軸に関して対称移動の場合の 1 次変換の行列は $\begin{bmatrix} -1 & 0 \\ 0 & 1 \end{bmatrix}$，$y=x$ の直線に関して対称移動の場合の 1 次変換の行列は $\begin{bmatrix} 0 & 1 \\ 1 & 0 \end{bmatrix}$ なので，行列 $\begin{bmatrix} 3 \\ 5 \end{bmatrix}$ に，2 つの行列を，順序を逆にして掛ければよいので，次のように計算できる．
$$\begin{bmatrix} x' \\ y' \end{bmatrix} = \begin{bmatrix} 0 & 1 \\ 1 & 0 \end{bmatrix} \begin{bmatrix} -1 & 0 \\ 0 & 1 \end{bmatrix} \begin{bmatrix} 3 \\ 5 \end{bmatrix} = \begin{bmatrix} 0 & 1 \\ -1 & 0 \end{bmatrix} \begin{bmatrix} 3 \\ 5 \end{bmatrix}$$
この行列を計算して x' と y' は，$x'=5$，$y'=-3$ となる．

0.5
$$\begin{aligned} e^{i\theta_1} \times e^{-i\theta_2} &= (\cos\theta_1 + i\sin\theta_1)(\cos\theta_2 - i\sin\theta_2) \\ &= \cos\theta_1\cos\theta_2 + \sin\theta_1\sin\theta_2 + i(-\cos\theta_1\sin\theta_2 + \sin\theta_1\cos\theta_2) \end{aligned} \tag{P.1}$$

$$e^{i\theta_1} \times e^{-i\theta_2} = e^{i(\theta_1-\theta_2)} = \cos(\theta_1-\theta_2) + i\sin(\theta_1-\theta_2) \tag{P.2}$$

式 (P.1) と式 (P.2) では左辺が上下の式で同じなので，右辺の式も等しい．したがって，両者の実数同士の項を等しいとおいて

$$\cos(\theta_1 - \theta_2) = \cos\theta_1 \cos\theta_2 + \sin\theta_1 \sin\theta_2$$

と求まる．

1章

1.1 $\operatorname{rot}\operatorname{grad}\phi$ を，ナブラを使って書くと $\operatorname{rot}\operatorname{grad}\phi = \nabla \times \nabla\phi$ となる．したがって，これは単位ベクトルを使って展開して書き下すと，次のようになる．

$$\nabla \times \nabla\phi = \left(\frac{\partial}{\partial x}\boldsymbol{i} + \frac{\partial}{\partial y}\boldsymbol{j} + \frac{\partial}{\partial z}\boldsymbol{k}\right) \times \left(\frac{\partial\phi}{\partial x}\boldsymbol{i} + \frac{\partial\phi}{\partial y}\boldsymbol{j} + \frac{\partial\phi}{\partial z}\boldsymbol{k}\right).$$

これを計算すると，$\boldsymbol{j}\times\boldsymbol{k}=\boldsymbol{i}$, $\boldsymbol{k}\times\boldsymbol{i}=\boldsymbol{j}$, $\boldsymbol{i}\times\boldsymbol{j}=\boldsymbol{k}$, $\boldsymbol{j}\times\boldsymbol{i}=-\boldsymbol{k}$, $\boldsymbol{k}\times\boldsymbol{j}=-\boldsymbol{i}$, $\boldsymbol{i}\times\boldsymbol{k}=-\boldsymbol{j}$ となるので，次のようになる．

$$\nabla \times \nabla\phi = \left(\frac{\partial^2\phi}{\partial x \partial y} - \frac{\partial^2\phi}{\partial y \partial x}\right)\boldsymbol{k} + \left(-\frac{\partial^2\phi}{\partial x \partial z} + \frac{\partial^2\phi}{\partial z \partial x}\right)\boldsymbol{j}$$
$$+ \left(\frac{\partial^2\phi}{\partial y \partial z} - \frac{\partial^2\phi}{\partial z \partial y}\right)\boldsymbol{i}$$

ここでは変数による偏微分は順序を変えても結果は変わらないので，各項はすべて 0 になり，題意の式 $\operatorname{rot}\operatorname{grad}\phi = 0$ が成り立つことを示している．

1.2
$$\boldsymbol{AB} = \begin{bmatrix} 1 & 2 \\ 2 & 1 \end{bmatrix}\begin{bmatrix} 0 & 2 \\ 1 & 0 \end{bmatrix} = \begin{bmatrix} 1\times 0 + 2\times 1 & 1\times 2 + 2\times 0 \\ 2\times 0 + 1\times 1 & 2\times 2 + 1\times 0 \end{bmatrix} = \begin{bmatrix} 2 & 2 \\ 1 & 4 \end{bmatrix}$$

$$\boldsymbol{BA} = \begin{bmatrix} 0 & 2 \\ 1 & 0 \end{bmatrix}\begin{bmatrix} 1 & 2 \\ 2 & 1 \end{bmatrix} = \begin{bmatrix} 0\times 1 + 2\times 2 & 0\times 2 + 2\times 1 \\ 1\times 1 + 0\times 2 & 1\times 2 + 0\times 1 \end{bmatrix} = \begin{bmatrix} 4 & 2 \\ 1 & 2 \end{bmatrix}$$

したがって，$\boldsymbol{AB}$ と $\boldsymbol{BA}$ は等しくない．

1.3 移動前の座標を (x,y) とし，移動後の座標を (x',y') とすると，$x'=y$, $y'=x$ の関係になるので，次の関係式が成り立つ．

$$\begin{aligned} x' &= 0\times x + y \\ y' &= x + 0\times y \end{aligned} = \begin{bmatrix} 0 & 1 \\ 1 & 0 \end{bmatrix}\begin{bmatrix} x \\ y \end{bmatrix}$$

だから，1 次変換の変換行列は $\begin{bmatrix} 0 & 1 \\ 1 & 0 \end{bmatrix}$ となる．したがって，この式の x と y の位置に題意の，x 座標と y 座標の $(1,3)$ を代入すればよい．これを実行すると，$x'=0\times 1 + 1\times 3 = 3$, $y'=1\times 1 + 0\times 3 = 1$ となるので，移動後の座標位置は $(3,1)$ である．

1.4 行列 $\boldsymbol{A}$ に対して，逆行列を $\boldsymbol{A}^{-1}$ とすると，逆行列の定義式に従って $\boldsymbol{A}\boldsymbol{A}^{-1} = \boldsymbol{E}$ が成り立つ．だから，逆行列 $\boldsymbol{A}^{-1}$ の行列要素が下記の左側に示すよう仮定すると，課題の行列 $\boldsymbol{A}$ を使って右側の式が成り立つ．

$$\boldsymbol{A}^{-1} = \begin{bmatrix} b_{11} & b_{12} \\ b_{21} & b_{22} \end{bmatrix}, \quad \begin{bmatrix} 1 & 3 \\ 3 & 1 \end{bmatrix}\begin{bmatrix} b_{11} & b_{12} \\ b_{21} & b_{22} \end{bmatrix} = \begin{bmatrix} 1 & 0 \\ 0 & 1 \end{bmatrix}$$

後の式の左辺を計算して右辺と等しいとおくと，次の式が成り立つ．

$$\begin{bmatrix} 1 \times b_{11} + 3 \times b_{21} & 1 \times b_{12} + 3 \times b_{22} \\ 3 \times b_{11} + 1 \times b_{21} & 3 \times b_{12} + 1 \times b_{22} \end{bmatrix} = \begin{bmatrix} 1 & 0 \\ 0 & 1 \end{bmatrix}$$

故に，次の 4 個の式，すなわち $b_{11} + 3b_{21} = 1$, $b_{12} + 3b_{22} = 0$, $3b_{11} + b_{21} = 0$, $3b_{12} + b_{22} = 1$ が成り立たなければならない．これらの 4 個の式を解くと $b_{11} = b_{22} = -1/8$, $b_{12} = b_{21} = 3/8$ となる．したがって，A^{-1} は次のように求まる．

$$A^{-1} = \left(\frac{1}{8}\right) \begin{bmatrix} -1 & 3 \\ 3 & -1 \end{bmatrix}$$

1.5 イカが x 匹，タコが y 匹いるとすると，連立方程式は $x + y = 5$, $10x + 8y = 46$ となるので，行列で表すと

$$\begin{bmatrix} 1 & 1 \\ 10 & 8 \end{bmatrix} \begin{bmatrix} x \\ y \end{bmatrix} = \begin{bmatrix} 5 \\ 46 \end{bmatrix}$$

となる．行列式を使って解くと

$$x = \frac{\begin{vmatrix} 5 & 1 \\ 46 & 8 \end{vmatrix}}{\begin{vmatrix} 1 & 1 \\ 10 & 8 \end{vmatrix}} = \frac{40 - 46}{8 - 10} = 3, \quad y = \frac{\begin{vmatrix} 1 & 5 \\ 10 & 46 \end{vmatrix}}{\begin{vmatrix} 1 & 1 \\ 10 & 8 \end{vmatrix}} = \frac{46 - 50}{-2} = 2$$

したがって，イカは 3 匹，タコは 2 匹となる．

1.6 行列式の性質を使って行列式を簡素化し，その上でサラスの方法を使って計算する．まず，z の（分子の）行列式の 2, 3, 4 行目から 1 行目の 2 倍引く．そしてできた行列式を小行列式に展開すると，第 1 項のみが残る．その行列式の 1 行目に 2 合目を加えると，次のようになる．

$$z \text{ の分子} = \begin{vmatrix} 1 & 1 & 10 & 1 \\ 2 & 4 & 40 & 8 \\ 2 & 0 & 16 & 0 \\ 2 & 2 & 26 & 2 \end{vmatrix} = \begin{vmatrix} 1 & 1 & 10 & 1 \\ 0 & 2 & 20 & 6 \\ 0 & -2 & -4 & -2 \\ 0 & 0 & 6 & 0 \end{vmatrix} = \begin{vmatrix} 2 & 20 & 6 \\ -2 & -4 & -2 \\ 0 & 6 & 0 \end{vmatrix} = \begin{vmatrix} 0 & 16 & 4 \\ -2 & -4 & -2 \\ 0 & 6 & 0 \end{vmatrix}$$

最後の行列式をサラスの方法で演算すると，$0 + 0 - 48 - (0 + 0 + 0) = -48$ となる．そして，分母の Δ の値は本文で計算したように -24 となるので，z の値は 2 と求まる．

1.7 rot A を表す題意の行列式を展開すると次のようになる．

$$\text{rot } \boldsymbol{A} = \frac{\partial A_z}{\partial y} \boldsymbol{i} + \frac{\partial A_x}{\partial z} \boldsymbol{j} + \frac{\partial A_y}{\partial x} \boldsymbol{k} - \frac{\partial A_y}{\partial z} \boldsymbol{i} - \frac{\partial A_z}{\partial x} \boldsymbol{j} - \frac{\partial A_x}{\partial y} \boldsymbol{k}$$

$$= \left(\frac{\partial A_z}{\partial y} - \frac{\partial A_y}{\partial z}\right) \boldsymbol{i} + \left(\frac{\partial A_x}{\partial z} - \frac{\partial A_z}{\partial x}\right) \boldsymbol{j} + \left(\frac{\partial A_y}{\partial x} - \frac{\partial A_x}{\partial y}\right) \boldsymbol{k}$$

この展開式は，本文の式 (1.95) と同じになる．

1.8 題意の式を ∇ を使って書き換えると，$\text{div}(\text{rot } \boldsymbol{A}) = \nabla \cdot (\nabla \times \boldsymbol{A})$ となるので，この式 $\nabla \cdot (\nabla \times \boldsymbol{A}) = 0$ を証明すればよい．したがって，

$$\nabla \cdot (\nabla \times \boldsymbol{A}) = \left(\frac{\partial}{\partial x}\boldsymbol{i} + \frac{\partial}{\partial y}\boldsymbol{j} + \frac{\partial}{\partial z}\boldsymbol{k}\right) \cdot \left\{\left(\frac{\partial A_z}{\partial y} - \frac{\partial A_y}{\partial z}\right)\boldsymbol{i}\right.$$
$$\left. + \left(\frac{\partial A_x}{\partial z} - \frac{\partial A_z}{\partial x}\right)\boldsymbol{j} + \left(\frac{\partial A_y}{\partial x} - \frac{\partial A_x}{\partial y}\right)\boldsymbol{k}\right\}$$
$$= \frac{\partial^2 A_z}{\partial x \partial y} - \frac{\partial^2 A_y}{\partial x \partial z} + \frac{\partial^2 A_x}{\partial y \partial z} - \frac{\partial^2 A_z}{\partial y \partial x} + \frac{\partial^2 A_y}{\partial z \partial x} - \frac{\partial^2 A_x}{\partial z \partial y}$$

と計算できる．この式において，変数による偏微分は順序を変えても結果は変わらないので，各項はすべて相殺されて 0 になり，$\nabla \cdot (\nabla \times \boldsymbol{A})$ は 0 になることがわかる．したがって，題意の式 $\mathrm{rot\,grad\,}\phi = 0$ が成り立つことが証明された．

2 章

2.1 $z = (-1/2 - i\sqrt{3}/2)^3$ の計算では，まず $(-1/2 - i\sqrt{3}/2)^2$ を計算すればよいが，これを実行すると，$= 1/4 + i2 \times (1/2) \times (\sqrt{3}/2) - 3/4 = -1/2 + i\sqrt{3}/2$ と計算できる．したがって，z は，$z = (-1/2 - i\sqrt{3}/2)(-1/2 + i\sqrt{3}/2) = 1/4 + 3/4 = 1$ となる．

2.2 $\sqrt{7 + 24i} = \sqrt{(4+3i)^2} = 4 + 3i$ となる．

2.3 $x \neq 0$ ならば $f(x)$ は微分可能で，$f'(x) = \sin(1/x) - (1/x)\cos(1/x)$ となる．また，$(f(x) - f(0))/(x - 0) = \sin(1/x)$ は $x \to 0$ のとき極限値をもたないから $x = 0$ においては微分可能ではない．

2.4 解答は以下の通り．

(1) $\int_1^2 x^2 dx = [x^3/3]_1^2 = (8-1)/3 = 7/3$, (2) $\int_0^1 e^x dx = [e^x]_0^1 = e^1 - e^0 = e - 1$
(3) $e^x = t$ とおいて置換積分を行う．まず，$e^x = t$ の式は両辺の ln をとると，$x = \ln t$ となる．したがって，$dx/dt = 1/t \to dx = (1/t)dt$ の関係が得られる．

以上の関係を使い e^x を t に置き換えて置換積分を実行すると，以下のように演算できる．
$$\int \frac{1}{t + \dfrac{1}{t}} \cdot \frac{1}{t} dt = \int \frac{1}{t^2 + 1} dt = \tan^{-1} t = \tan^{-1}(e^x)$$

2.5 $\int e^{ax} x\, dx$ の積分において $f(x) = x$, $g'(x) = e^{ax}$ とおくと，$f'(x) = 1$, $g(x) = (1/a)e^{ax}$ となるので，これらを部分積分の公式に適用すれば，次のように演算できる．

$$\int e^{ax} x\, dx = f(x)g(x) - \int f'(x)g(x) dx = \frac{1}{a}e^{ax} x - \frac{1}{a}\int e^{ax} dx$$
$$= \frac{1}{a}e^{ax} x - \frac{1}{a^2}e^{ax} = \frac{1}{a}e^{ax}\left(x - \frac{1}{a}\right)$$

3章

3.1 この級数は $r<1$ のときには収束し，この級数の和は $a/(r-1)$ となる．$r \geq 1$ のときには，第 n 項を a_n とすると，$a_n = ar^{n-1}$ が $\lim_{n\to\infty} a_n \to \infty$ と発散するので，この条件では級数の和は ∞ に発散する．

3.2 課題は $1/\{n(n+1)\} = 1/n - 1/(n+1)$ と2つの項に分解できる．だから，第 n 項の a_n は $a_n = 1/n - 1/(n+1)$ となるが，$\lim_{n\to\infty} a_n = 0$ と第 n 項がゼロに収束するので，この級数は収束する．和は次のように計算でき，$\sum_{n=1}^{\infty} a_n = \sum_{n=1}^{\infty} \{1/n - 1/(n+1)\} = 1/1 + 1/2 + 1/3 + \cdots - (1/2 + 1/3 + \cdots) = 1$ となる．

3.3 8.8 の3乗根は，近似式の $(1+x)^n \fallingdotseq 1+nx$ を使うと次のように書き換えることができる，$\sqrt[3]{(8.8)} = \{8(1+0.1)\}^{1/3} \fallingdotseq 2(1+0.1/3) = 2 \times 1.0333\cdots \fallingdotseq 2.067$．

8.8 の3乗根の正確な値は，2.064560... なので，かなりいい近似である．

9 も $9 = 8+1 = 8(1+1/8)$ と書けるので，$\sqrt[3]{9} = 2(1+1/8)^{1/3} = 2(1+1/24) = 2 \times 1.041667 = 2.083334$ となり，2.083 と求まる．さらに近似を高めて，第3項までとると，$\sqrt[3]{(1+x)}$ の2階微分は $(-2/9)(1+x)^{-5/3}$ なので，$(1+1/8)^{1/3} = 1 + 1/3 \times 1/8 - 1/2 \times 2/9 \times (1/8)^2 = 1 + 0.0416666 - 0.001736111 = 1.0409305$ と近似計算できる．この値に2を掛けて，$\sqrt[3]{9} = 2.082$ と求まる．9 の3乗根の正確な値は 2.080083... なのでかなりよい近似値である．

3.4 $e^{2.1}$ は $e^{2.1} = e^{2+0.1} = e^2 \times e^{0.1}$ と書ける．$e^{0.1}$ は近似式 $e^x \fallingdotseq 1 + x + (1/2!)x^2$ を使うと，$e^{0.1} \fallingdotseq 1 + 0.1 + 0.5 \times 0.01 = 1.105$ と計算できる．したがって，$e^2 \times e^{0.1} \fallingdotseq 7.389 \times 1.105 = 8.165$ と計算できる．正確な $e^{2.1}$ は 8.16617 なのでかなりよい近似値である．

3.5 $\sin 35°$ は加法定理を使うと，$\sin(30° + 5°) = \sin 30° \cos 5° + \cos 30° \sin 5°$ となる．一方，$\sin 30° = 0.5$，$\cos 30° = \sqrt{3}/2 \fallingdotseq 0.8660$ である．$5°$ はラジアン表示では $3.141593 (= \pi) \times 5/180 = 0.087266$ となる．正弦関数の $\sin 5°$ は $\sin\theta = \theta = 0.087266$ の近似を使うが，余弦関数の近似にはより高次の項まで使って $\cos\theta = 1 - (1/2)\theta^2$ を使うと，$\cos 5° = 1 - 0.5 \times 0.087266^2 = 1 - 0.00380 = 0.9962$ となる．すると，$\sin 35°$ は $\sin 35° = 0.5 \times 0.9962 + 0.866 \times 0.087266 = 0.4981 + 0.075572 = 0.573672$ と求まる．正確な $\sin 35°$ の値は 0.573576... なので，かなりよい近似値である．

3.6 課題の数字 2.72828 は $2.72828 = 2.71828 + 0.01 = e + 0.01$ と書けるので，2.72828 を x として，$f(x) = \ln x$ とおく．そして，$a = e$，$h = 0.01$ とおいてテイラー展開の式 (3.20b) に適用すると，次の式が得られる．

$$f(2.72828) = \ln 2.72828 = f(e) + \frac{1}{1!}f^{(1)}(e) \times 0.01 + \frac{1}{2!}f^{(2)}(e) \times 0.01^2$$
$$+ \frac{1}{3!}f^{(3)}(e) \times 0.01^3 + \frac{1}{4!}f^{(4)}(e) \times 0.01^4 + \cdots$$

また,$f(x) = \ln x$ の導関数は $f^{(1)}(x) = 1/x$, $f^{(2)}(x) = -1/x^2$, $f^{(3)}(x) = 2/x^3$, $f^{(4)}(x) = -6/x^4$ となるので,この式の前から第 4 項の 3 階微分の項までの値を使って計算すると,$\ln 2.72828$ の値は次のようになる. $\ln 2.72828 = 1 + 0.01/e - (1/2) \times (0.01)^2/e^2 + (1/6) \times 2 \times (0.01)^3/e^3 = 1 + 0.003678794 - 0.000006767 + 0.000000017 \fallingdotseq 1.00367$ となる.

4 章

4.1 a. 課題の微分方程式を $dy/dx = -3y$ と書き,さらには $(1/y)dy = -3dx$ と書き換え,両辺をそれぞれ y と x で積分すると,$\ln y = -3x + c_1$ となり,この式から解は $y = ce^{-3x}$ と求めることができる.ただし,c_1, c はともに積分定数で $c = e^{c_1}$ とした.

b. 課題の式を書き改めると $xdy/dx = 2x + y$,さらには $dy/dx = 2 + y/x$ と変形できるので,ここで $y/x = z$ とおく.すると $y = xz$ の式ができるので,これを x で微分すると $dy/dx = z + xdz/dx$ が得られる.この式を課題の微分方程式に代入すると,$dz/dx = 2/x$ となり z に関する微分方程式が得られる.これを書き換えて $dz = (2/x)dx$ として両辺を積分して z を求めると $z = 2\ln x + c$ が得られる.この式の z を y/x に戻すと,y の解は $y = 2x\ln x + cx$ と求まる.ここで,c は定数である.

4.2 課題の微分方程式の同次方程式は $y' - y = 0$ なので,$y = e^{\lambda x}$ とおいて,特性方程式は $\lambda - 1 = 0$ となる.この式から $\lambda = 1$ だから,一般解は $y = e^{x+c_1} = ce^x$,ただし,$c = e^{c_1}$.

次に非同次方程式の特解は,$y = Ae^{-x}$ とおいて A を決めればよい.$y = Ae^{-x}$ を課題の微分方程式 (非同次方程式) に代入すると,$-2Ae^{-x} = e^{-x}$ となるので,$A = -1/2$ と求まり,y の一般解は $y_G = -(1/2)e^{-x} + ce^x$ となる.

4.3 課題の微分方程式の同次方程式は $xdy/dx - y = 0$ なので,$dy/dx = y/x \to (1/y)dy = (1/x)dx$ が成り立つ.したがって,両辺を積分すると $\ln y = \ln x + c_1 \ln e$ となるから,$y = cx$, $(c = e^{c_1})$ となる.定数変化法では定数 c を x の関数 $c(x)$ に仮定するので,まず,$y = c(x)x$ とおく.すると,$y' = c'(x)x + c(x)$ と演算できるので,y と y' を課題の非同次微分方程式に代入すると次の式ができる.すなわち,$c'(x)x^2 = x^2$ が成り立つ.この式が成り立つためには,$c'(x) = 1$.故に,$c(x) = x + c$.したがって,解の y は $y = c(x)x$ に代入して $y = x^2 + cx$ となる.

4.4 a. 課題の微分方程式の特性方程式は $y = e^{\lambda x}$ とおいて,$\lambda^2 - 4\lambda + 4 = 0$ となる.この式は,$(\lambda - 2)^2 = 0$ と書けるから,$\lambda = 2$ の重根が得られ,解は $y = e^{2x}$ となる.しかし,これでは解が 1 個しかない.解は 2 個必要なので,$y = u(x)e^{2x}$ とおいて,これを課

題の微分方程式に代入して $u(x)$ を決めることにする．これにはまず y' と y'' を求めておく．すると，$y' = u'(x)e^{2x} + 2u(x)e^{2x}$, $y'' = u''(x)e^{2x} + 4u'(x)e^{2x} + 4u(x)e^{2x}$ となる．これらの y, y', y'' を課題の微分方程式に代入すると，途中の演算は省略するが，$u''(x)$ について $u''(x) = 0$ の関係式が得られる．この式から $u'(x) = c_1$, $u(x) = c_1 x + c_2$. 故に y は $y = c_1 x e^{2x} + c_2 e^{2x} = (c_1 x + c_2)e^{2x}$ となる．

b. 課題の微分方程式の特性方程式は $\lambda^2 + 3\lambda + 4 = 0$ となるので，$\lambda = 1/2(-3 \pm i\sqrt{7})$ だから y の一般解は $y = e^{-(3/2)x}(c_1 e^{i(\sqrt{7}/2)x} + c_2 e^{-i(\sqrt{7}/2)x})$ となる．オイラーの公式を使うと $e^{i(\sqrt{7}/2)x} = \cos(\sqrt{7}/2)x + i\sin(\sqrt{7}/2)x$, $e^{-i(\sqrt{7}/2)x} = \cos(\sqrt{7}/2)x - i\sin(\sqrt{7}/2)x$ と表されるので，途中を省略するが，結果は $y = e^{-(3/2)x}\{c_{01}\cos(\sqrt{7}/2)x + c_{02}\sin(\sqrt{7}/2)x\}$ となる．ただし，$c_{01} = c_1 + c_2$, $c_{02} = i(c_1 - c_2)$

4.5 課題の微分方程式の同次方程式は $y'' - 4y' + 3y = 0$ となるので，特性方程式は $\lambda^2 - 4\lambda + 3 = 0$ となる．この式は $(\lambda - 3)(\lambda - 1) = 0$ と書けるので，λ の解は3と1になり，y の一般解は $y = c_1 e^x + c_2 e^{3x}$ となる．次に，非同次方程式 $y'' - 4y' + 3y = e^{-x}$ の特解は，$y = Ae^{-x}$ とおいて，まず y' と y'' を求め，課題の非同次方程式に代入して A の値を決めればよい．実行すると，$y' = -Ae^{-x}$, $y'' = Ae^{-x}$ となるから，$8Ae^{-x} = e^{-x}$ から $A = 1/8$ が得られるから，特解は $y = (1/8)e^{-x}$. したがって，一般解は同次方程式の一般解に非同次方程式の特解を加えて $y_G = (1/8)e^{-x} + c_1 e^x + c_2 e^{3x}$ となる．

4.6 課題の微分方程式の同次方程式は $y'' + 3y' + 2y = 0$ となり，特性方程式は $\lambda^2 + 3\lambda + 2 = 0$ となる．これを解くと $(\lambda + 2)(\lambda + 1) = 0$ が得られ，$\lambda = -1$, $\lambda = -2$ となるので同次方程式の一般解 y は $y = c_1 e^{-x} + c_2 e^{-2x}$ となる．この定数 c_1, c_2 を x の関数とみなして $y = c_1(x)e^{-x} + c_2(x)e^{-2x}$ として，課題の微分方程式に代入するが，まず次のように y' と y'' を求める．

$$y' = c_1'(x)e^{-x} - c_1(x)e^{-x} + c_2'(x)e^{-2x} - 2c_2(x)e^{-2x} \tag{a}$$

$$y'' = c_1''(x)e^{-x} - 2c_1'(x)e^{-x} + c_1(x)e^{-x} + c_2''(x)e^{-2x} - 4c_2'(x)e^{-2x} + 4c_2(x)e^{-2x} \tag{b}$$

ここで，少し工夫をこらして y'' を書き換えると次のようになる．

$$y'' = \frac{d}{dx}\{c_1'(x)e^{-x} + c_2'(x)e^{-2x}\} - c_1'(x)e^{-x} - 2c_2'(x)e^{-2x} + c_1(x)e^{-x} + 4c_2(x)e^{-2x} \tag{c}$$

これらの式 (a), (b), (c) を課題の微分方程式に代入すると，次の式ができる．

$$\frac{d}{dx}\{c_1'(x)e^{-x} + c_2'(x)e^{-2x}\} + 2c_1'(x)e^{-x} + c_2'(x)e^{-2x} = xe^x \tag{d}$$

特解は課題の微分方程式が充たされさえすれば，どんな条件で解いても解であればよいので，この式 (d) において，括弧 { } の中をゼロとおいた式と，それ以降の式を使って，次のように連立方程式を作る．

演習問題の解答

$$c_1'(x)e^{-x} + c_2'(x)e^{-2x} = 0$$
$$2c_1'(x)e^{-x} + c_2'(x)e^{-2x} = xe^x$$

この連立方程式を, $c_1'(x)$ と $c_2'(x)$ の単なる連立方程式とみなして, 解くと $c_1'(x)$ と $c_2'(x)$ が, $c_1'(x) = xe^{2x}$, $c_2'(x) = -xe^{3x}$ となる. これを, 部分積分法を使って解くと $c_1(x) = (1/2)xe^{2x} - (1/4)e^{2x}$, $c_2(x) = -(1/3)xe^{3x} + (1/9)e^{3x}$ となる. 次に, これらの $c_1(x)$ と $c_2(x)$ を, $y = c_1(x)e^{-x} + c_2(x)e^{-2x}$ に代入すると y の特解が $y = \{(1/6)x - (5/36)\}e^x$ と得られる. y の一般解は, この特解に同次方程式の一般解を加えて, $y_G = \{(1/6)x - (5/36)\}e^x + c_1 e^{-x} + c_2 e^{-2x}$ となる.

一方, 未定係数法では, 特解を求めるために $y = Axe^x + Be^x$ とおく. この y を課題の微分方程式に代入して A と B を決めればよいので, まず y', y'' を次のように求まる. $y' = Ae^x + Axe^x + Be^x$, $y'' = 2Ae^x + Axe^x + Be^x$. これらを課題の微分方程式に代入すると, 少し演算して次の式 $6Axe^x + (5A + 6B)e^x = xe^x$ ができる. この式が成り立つためには, $6A = 1$, $5A + 6B = 0$ が成り立たなければならないので, $A = 1/6$, $B = -5/36$ が得られる. したがって, 特解は $\{(1/6)x - (5/36)\}e^x$ となり, 定数変化法を使った場合の特解と一致する.

4.7 まず, 課題の連立微分方程式を, 微分演算子 D を使って書き換えると次のようになる.

$$\begin{cases} (D+3)y + 2z = 0 & \text{(a)} \\ -2y + (D-1)z = 0 & \text{(b)} \end{cases}$$

式 (a) の両辺に $(D-1)$ を掛け, 式 (b) の両辺に 2 を掛け, 辺辺引き算すると, 微分方程式として $(D^2 + 2D + 1)y = 0$ ができる. この式の特性方程式は $(\lambda^2 + 2\lambda + 1) = 0$ となり, $(\lambda + 1)^2 = 0$ より, $\lambda = -1$ と重根が得られるので, y の解は e^{-x} となるが, 解があと 1 つ必要である. この解は $y = u(x)e^{-x}$ とおいて, 課題の微分方程式から作った 2 階の微分方程式 $(D^2 + 2D + 1)y = 0$ に代入して $u(x)$ を決めればよい. それには y' と y'' が必要になるので, これらを求めると, $y' = u'(x)e^{-x} - u(x)e^{-x}$, $y'' = u''(x)e^{-x} - 2u'(x)e^{-x} + u(x)e^{-x}$ となる. 代入して演算すると, $u(x)$ の式が $u''(x) = 0$ となる. これを積分すると, $u'(x) = c_2$, $u(x) = c_2 x + c_1$ となる. この $u(x)$ を $y = u(x)e^{-x}$ に代入すると, 一般解として $y = (c_1 + c_2 x)e^{-x}$ が求まる. 一方, z は, 課題の微分方程式の 1 つの $dy/dx = -3y - 2z$ より, $z = -(1/2)dy/dx - (3/2)y$ となるので, この式に y を代入して $z = -(c_1 + 1/2 c_2 + c_2 x)e^{-x}$ となる.

4.8 課題の非同次形連立微分方程式を, 微分演算子 D を使って書き換えると次のようになる.

$$\begin{cases} (D-1)y + 2z = -e^x & \text{(a)} \\ 3y + (D-2)z = -x & \text{(b)} \end{cases}$$

式 (a) の両辺に $(D-2)$ を掛け, 式 (b) の両辺に 2 を掛け, 辺辺引き算すると, 微分方程式として, $(D^2 - 3D - 4)y = e^x + 2x$ ができる. ここで, $(D-2)$ を掛けた式 (a)

の右辺は $-(D-2)e^x = -e^x + 2e^x = e^x$ と演算した．新しく作った微分方程式の特性方程式は $(\lambda^2 - 3\lambda - 4) = 0$ となるので，$(\lambda+1)(\lambda-4) = 0$ が成立する．この式より，$\lambda = -1$ と 4 が得られるので，y の一般解は $c_1 e^{-x} + c_2 e^{4x}$ となる．一方，非同次形の特解は $y = Ae^x + Bx + C$ とおいて，y' と y'' を計算すると，$y' = Ae^x + B$，$y'' = Ae^x$ となる．y, y', y'' を $(D^2 - 3D - 4)y = e^x + 2x$ つまり，$y'' - 3y' - 4y = e^x + 2x$ に代入すると，$-6Ae^x - 4Bx - 3B - 4C = e^x + 2x$ という式が得られる．この式の等式が成り立つためには $-6A = 1$，$-4B = 2$，$-3B - 4C = 0$ の各式が同時に充たされる必要がある．したがって，$A = -1/6$，$B = -1/2$，$C = 3/8$ と求まる．したがって，y の一般解は $y = -(1/6)e^x - (1/2)x + 3/8 + c_1 e^{-x} + c_2 e^{4x}$ となる．

一方，z は課題の微分方程式の式 (a) より，$z = -(1/2)dy/dx + (1/2)y - (1/2)e^x$ となるので，これに y を代入して計算すればよい．まず，$dy/dx = -(1/6)e^x - (1/2) - c_1 e^{-x} + 4c_2 e^{4x}$ となるので，これを z の式に代入して演算を実行すると，z は $z = -(1/2)e^x - (1/4)x + 7/16 + c_1 e^{-x} - (3/2)c_2 e^{4x}$ と求まる．

5 章

5.1 フーリエ級数の定義は式 (5.1) で示されるので，まずフーリエ係数を求めるのがよい．いまの場合，関数 $f(x) = x^2$ は偶関数であるから，フーリエ係数 b_n は 0 になり，フーリエ級数は，フーリエ係数のうち次の a_0 と a_n のみが存在する，フーリエ余弦級数になる．

$$a_0 = \frac{1}{\pi}\int_{-\pi}^{\pi} f(x)dx = \frac{1}{\pi}\int_{-\pi}^{\pi} x^2 dx = \frac{1}{\pi}\left[\frac{1}{3}x^3\right]_{-\pi}^{\pi} = \frac{2}{3}\pi^2$$

$$a_n = \frac{1}{\pi}\int_{-\pi}^{\pi} f(x)\cos nx\, dx = \frac{1}{\pi}\int_{-\pi}^{\pi} x^2 \cos nx\, dx.$$

これは部分積分する必要がある．まず，

$$\int x \sin(nx) dx = -\frac{x}{n}\cos nx + \frac{1}{n^2}\sin nx$$

となるので，

$$\int_{-\pi}^{\pi} x^2 \cos nx\, dx = \left[\frac{1}{n}x^2 \sin nx\right]_{-\pi}^{\pi} - \frac{2}{n}\int_{-\pi}^{\pi} x \sin nx\, dx$$
$$= \left[\frac{1}{n}x^2 \sin nx - \frac{2}{n}\left(-\frac{x}{n}\cos nx + \frac{1}{n^2}\sin nx\right)\right]_{-\pi}^{\pi}$$
$$= \frac{4\pi}{n^2}(-1)^n.$$

したがって，$a_n = (4/n^2)(-1)^n$．故に，

$$f(x) = \frac{1}{3}\pi^2 - 4\cos x + \cos 2x - \frac{4}{9}\cos 3x + \cdots$$

となる．

5.2 課題の関数 $f(x) = \pi - |x|$ は偶関数なので，フーリエ余弦級数になりフーリエ係数の a_0 と a_n は次のようになる．

$$a_0 = \frac{1}{\pi}\int_{-\pi}^{\pi} f(x)dx = \frac{2}{\pi}\int_0^{\pi}(\pi - x)dx = \frac{2}{\pi}\left[\pi x - \frac{1}{2}x^2\right]_0^{\pi}$$
$$= \frac{2}{\pi}\frac{1}{2}\pi^2 = \pi.$$
$$a_n = \frac{1}{\pi}\int_{-\pi}^{\pi} f(x)\cos(nx)dx = \frac{2}{\pi}\int_0^{\pi}(\pi - x)\cos(nx)dx$$
$$= \frac{2}{\pi}\left\{\left[\frac{\pi - x}{n}\sin nx\right]_0^{\pi} + \frac{1}{n}\int_0^{\pi}\sin nx dx\right\}$$
$$= \frac{2}{\pi n^2}[-\cos nx]_0^{\pi} = \frac{2}{\pi n^2}\{1 - (-1)^n\}.$$

したがって，フーリエ級数 $f(x)$ は次のようになる．

$$f(x) = \frac{\pi}{2} + \frac{4}{\pi}\cos x + \frac{4}{9\pi}\cos 3x + \frac{4}{25\pi}\cos 5x + \cdots.$$

5.3 関数 $f(x) = x$ は奇関数であるから，フーリエ級数は，フーリエ係数 a_0 と a_n はゼロになり，b_n のみがあり，フーリエ正弦級数になる．すなわち，

$$b_n = \frac{1}{L}\int_{-L}^{L} f(x)\sin\left(\frac{n\pi}{L}x\right)dx = \frac{1}{2}\int_{-2}^{2} x\sin\left(\frac{n\pi}{2}x\right)dx$$

となる．

まず，

$$\int x\sin\left(\frac{n\pi}{2}x\right)dx = -\left(\frac{2}{n\pi}x\right)\cos\left(\frac{n\pi}{2}x\right) + \left(\frac{2}{n}\pi\right)\int\cos\left(\frac{n\pi}{2}x\right)dx$$
$$= -\left(\frac{2}{n\pi}x\right)\cos\left(\frac{n\pi}{2}x\right) + \left\{\frac{4}{(n^2\pi^2)}\right\}\sin\left(\frac{n\pi}{2}x\right)$$
$$\therefore b_n = \frac{1}{2}\int_{-2}^{2} x\sin\left(\frac{n\pi}{2}x\right)dx$$
$$= \frac{1}{2}\left[-\left(\frac{2}{n\pi}x\right)\cos\left(\frac{n\pi}{2}x\right) + \left\{\frac{4}{(n^2\pi^2)}\right\}\sin\left(\frac{n\pi}{2}x\right)\right]_{-2}^{2}$$
$$= -\frac{1}{2}\left(\frac{4}{n\pi} + \frac{4}{n\pi}\right)\cos n\pi = -\frac{4}{n\pi}(-1)^n.$$

そして，フーリエ級数は式 (5.31) で表されるので，$L = 2$ として，フーリエ級数は次のようになる．

$$f(x) = \frac{4}{\pi}\sin\left(\frac{\pi}{2}x\right) - \frac{2}{\pi}\sin \pi x + \frac{4}{3\pi}\sin\left(\frac{3\pi}{2}x\right) - \frac{1}{\pi}\sin 2\pi x + \cdots$$

となる．

5.4 ノコギリ波の周期を $2L = T$ とする複素フーリエ係数 c_n は，次の式で示すように計算できる．

$$c_n = \frac{1}{2L}\int_0^{2L} f(x)e^{-i\frac{n\pi}{L}x}dx = \frac{1}{T}\int_0^{T}\left(\frac{a}{T}x\right)e^{-i\frac{2n\pi}{T}x}dx$$

$n = 0$ のときは $c_0 = (a/T^2)[(1/2)x^2]_0^T = a/2$. $n \neq 0$ のときは $c_n = (a/T^2)$ $\int_0^T xe^{-i\frac{2n\pi}{T}x}dx$ となる. ここで,

$$\int_0^T xe^{-i\frac{2n\pi}{T}x}dx = \left[-\frac{T}{i2\pi n}xe^{-i\frac{2n\pi}{T}x}\right]_0^T + \frac{T}{i2n\pi}\int_0^T e^{-i\frac{2n\pi}{T}x}dx$$

$$= -\frac{T^2}{i2\pi n}e^{-i\pi 2n} + \left[\left\{\frac{T^2}{4n^2\pi^2}\right\}e^{-i\frac{2n\pi}{T}x}\right]_0^T$$

$$= \frac{iT^2}{2\pi n}e^{-i2n\pi} + \left\{\frac{T^2}{4n^2\pi^2}\right\}(e^{-i2n\pi} - 1) = \frac{iT^2}{2n\pi}$$

$$\because e^{-i2n\pi} = \cos 2n\pi - i\sin 2n\pi = 1 - 0 = 1.$$

$$\therefore c_n = \frac{a}{T^2} \cdot \frac{iT^2}{2n\pi} = \frac{ia}{2n\pi}$$

だから, $|c_n| = a/(2n\pi)$. 縦軸を $|c_n|$ にとり, 横軸に n をとって図示すると, 図 P.1 に示すようなスペクトルが得られる.

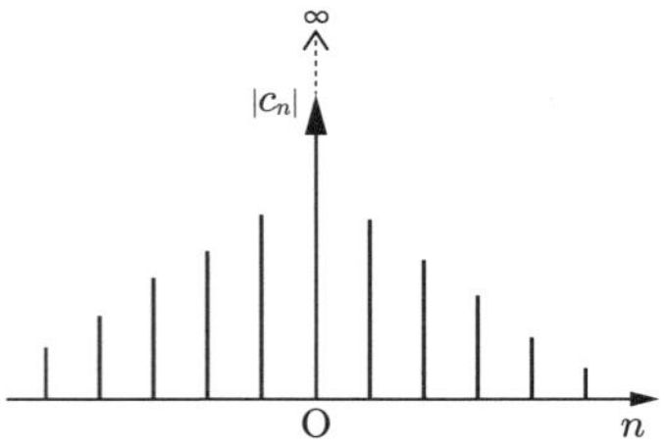

5.5 $\int_{-\infty}^{\infty} f(x)\delta(x-a)dx = f(a)$ の式の証明では, 部分積分すると

$$\int_{-\infty}^{\infty} f(x)\delta(x-a)dx$$

図 P.1 ノコギリ波から得られるスペクトル

$$= [f(x)F(x-a)]_{-\infty}^{\infty} - \int_{-\infty}^{\infty} \frac{df(x)}{dx}F(x-a)dx$$

となるが, $x > a$ なら $F(x-a) = 1$ なので, $F(\infty - a) = 1$ となる. また, $x < a$ なら $F(x-a) = 0$ になり, $F(-\infty - a) = 0$ となる. したがって,

$$[f(x)F(x-a)]_{-\infty}^{\infty} = f(\infty)$$

となる. また,

$$\int_{-\infty}^{\infty} \frac{df(x)}{dx}F(x-a)dx = \int_a^{\infty} \frac{df(x)}{dx}dx = [f(x)]_a^{\infty}$$

となる. したがって,

$$[f(x)F(x-a)]_{-\infty}^{\infty} - \int_{-\infty}^{\infty} \frac{df(x)}{dx}F(x-a)dx$$

$$= f(\infty) - [f(x)]_a^{\infty} = f(\infty) - \{f(\infty) - f(a)\} = f(a)$$

と証明ができる. また, $\int_{-\infty}^{\infty} f(x)\delta(x)dx = f(0)$ は, いま証明した式において $a = 0$ とおけば成立するので省略する.

5.6 関数 $f(x) = e^{-a|x|}$ のフーリエ変換を行うには, 式 (5.63) を使えばよいが, まず $x > 0$ のとき $f(x) = e^{-ax}$ となり, $x \leq 0$ のとき $f(x) = e^{ax}$ となるので, 関数 $f(x)$ のフーリエ変換は次のように書ける. 場合分けして,

$$F(\omega) = \int_{-\infty}^{\infty} e^{-a|x|}e^{-i\omega x}dx = \int_{-\infty}^{0} e^{ax}e^{-i\omega x}dx + \int_{0}^{\infty} e^{-ax}e^{-i\omega x}dx$$
$$= \int_{-\infty}^{0} e^{(a-i\omega)x}dx + \int_{0}^{\infty} e^{-(a+i\omega)x}dx = \left[\frac{e^{(a-i\omega)x}}{a-i\omega}\right]_{-\infty}^{0}$$
$$+ \left[-\frac{e^{-(a+i\omega)x}}{a+i\omega}\right]_{0}^{\infty} = \frac{1}{a-i\omega} + \frac{1}{a+i\omega}$$
$$= \frac{a+i\omega+a-i\omega}{(a-i\omega)(a+i\omega)} = \frac{2a}{a^2+\omega^2}$$

とフーリエ変換が得られる.

5.7 関数 $f(x) = \sin ax$ のラプラス変換 $L(s)$ は, $L(s) = \int_0^\infty f(x)e^{-sx}dx = \int_0^\infty \sin ax e^{-sx}dx$ となる. 部分積分を使って,

$$\int_0^\infty \sin ax e^{-sx}dx = \left[-\frac{1}{a}\cos ax e^{-sx}\right]_0^\infty - \frac{s}{a}\int_0^\infty \cos ax e^{-sx}dx$$

となるが, 第2項を再度部分積分する必要がある.

$$\int_0^\infty \cos ax e^{-sx}dx = \left[\frac{1}{a}\sin ax e^{-sx}\right]_0^\infty + \frac{s}{a}\int_0^\infty \sin ax e^{-sx}dx = \frac{s}{a}L(s)$$

となる. また, $[-(1/a)\cos ax e^{-sx}]_0^\infty = 1/a$ となるので, 結局次の式が成り立つ. $L(s) = 1/a - (s/a)^2 L(s)$. この最後の式から, ラプラス変換 $L(s)$ は, 次のように求めることができる,

$$L(s) = \frac{a}{a^2+s^2}.$$

5.8 課題の微分方程式は, 導関数のラプラス変換公式の式 (5.84) と式 (5.87), および前問の解答を使って, 次のように変換できる.

$$s^2 L(s) - sf(0) - f'(0) + 2sL(s) - 2f(0) + L(s) = \frac{3}{s^2+1}.$$

$f(0) = f'(0) = 0$ を代入して整理すると, 次の式ができる.

$$s^2 L(s) + 2sL(s) + L(s) = \frac{3}{s^2+1} \to L(s)(s^2+2s+1) = \frac{3}{s^2+1}.$$

故に, $L(s)$ は

$$L(s) = \frac{1}{(s+1)^2(s^2+1)}$$

となる.

このままでは $L(s)$ のラプラス逆変換が困難なので, A, B, C, および D を未知数として, 次のようにおく,

$$\frac{1}{(s+1)^2(s^2+1)} = \frac{A}{(s+1)^2} + \frac{B}{s+1} + \frac{C}{s+i} + \frac{D}{s-i}.$$

そして, 通分して分子の左右の係数を等しいとおいて, A, B, C, および D を求めると, これらは次のように決まる.

$$A = \frac{1}{2}, \quad B = \frac{1}{2}, \quad C = -\frac{1}{4}, \quad D = -\frac{1}{4}.$$

したがって，ラプラス変換 $L(s)$ は
$$L(s) = \frac{1}{2}\frac{1}{(s+1)^2} + \frac{1}{2}\frac{1}{s+1} - \frac{1}{4}\frac{1}{s+i} - \frac{1}{4}\frac{1}{s-i}$$
と書けるが，最後の 2 項をまとめて，
$$L(s) = \frac{1}{2}\frac{1}{(s+1)^2} + \frac{1}{2}\frac{1}{s+1} - \frac{1}{2}\frac{s}{s^2+1}$$
となる．課題で与えられたラプラス逆変換の公式において $a = -1$ とおいて，$L(s)$ を逆変換すると，$f(x)$ は次のように求まる．すなわち，微分方程式の解 $f(x)$ が得られる．
$$f(x) = \mathscr{L}^{-1}[L(s)] = \frac{1}{2}xe^{-x} + \frac{1}{2}e^{-x} - \frac{1}{2}\cos x.$$

6 章

6.1 $e^{i\theta} = \cos\theta + i\sin\theta$, $e^{-i\theta} = \cos\theta - i\sin\theta$ を使い，これらの式の和を 2 で割ると，$\cos\theta = (e^{i\theta} + e^{-i\theta})/2$ が得られる．これを使って $\cos^2\theta$ を計算すると，$\cos^2\theta = (e^{i2\theta} + e^{-i2\theta} + 2)/4 = (2\cos 2\theta + 2)/4 = (\cos 2\theta + 1)/2$ と課題の三角公式が得られる．

6.2 $e^{i\theta} = \cos\theta + i\sin\theta$ において $\theta = \pi/2$ とおくと，$e^{i\pi/2} = i$ が得られる．$x^4 + 1 = 0$ を因数分解すると，$x^4 + 1 = (x^2 + i)(x^2 - i) = (x + i^{3/2})(x - i^{3/2})(x + i^{1/2})(x - i^{1/2}) = 0$．この計算で $i^2 = -1$ の関係を使った．引き続きこの関係と $e^{i\pi/2} = i$ を使うと，次の $x = -i^{3/2} = i^{7/2} = e^{i7\pi/4}$, $x = i^{3/2} = e^{i3\pi/4}$, $x = -i^{1/2} = i^{5/2} = e^{i5\pi/4}$, $x = i^{1/2} = e^{i\pi/4}$ を得る．すなわち，x として $e^{i\pi/4}$, $e^{i3\pi/4}$, $e^{i5\pi/4}$, $e^{i7\pi/4}$ が得られる．

6.3 $z = x + iy$, $w = u + iv$ より，(a) $w = z^2$ では $u = x^2 - y^2$, $v = 2xy$ だから $\partial u/\partial x = 2x$, $\partial v/\partial y = 2x$, $\partial u/\partial y = -2y$, $\partial v/\partial x = 2y$ $\therefore \partial u/\partial x = \partial v/\partial y$, $\partial u/\partial y = -\partial v/\partial x$. (b) $w = \cos z$ では $\cos(x + iy) = \cos x \cos iy - \sin x \sin iy$. ここで，式 (6.22a), (6.22b) の関係を使って，$\cos x \cos iy - \sin x \sin iy = (1/2)(e^{-y} + e^y)\cos x + (i/2)(e^{-y} - e^y)\sin x$ となるので，$u = (1/2)(e^{-y} + e^y)\cos x$, $v = (1/2)(e^{-y} - e^y)\sin x$. $\partial u/\partial x = -(1/2)(e^{-y} + e^y)\sin x$, $\partial v/\partial y = (1/2)(-e^{-y} - e^y)\sin x = -(1/2)(e^{-y} + e^y)\sin x$, $\partial u/\partial y = (1/2)(-e^{-y} + e^y)\cos x$, $\partial v/\partial x = (1/2)(e^{-y} - e^y)\cos x = -(1/2)(e^y - e^{-y})\cos x$. $\therefore \partial u/\partial x = \partial v/\partial y$, $\partial u/\partial y = -\partial v/\partial x$.

6.4 (a) $k \leq 0$ のとき；被積分関数 $z^{|k|}e^z$ は C 内部で正則だから，コーシーの定理により $I_k = 0$ となる．

(b) $k > 0$ のとき；グルサの公式において，$f(z)$ を e^z とみなし，$n = k - 1$, $z = 0$ とすると，$\{d^{(k-1)}e^z/dz^{k-1}\}_{z=0} = \{(k-1)!/2\pi i\} \oint_C (e^\xi/\xi^k)d\xi = \{(k-1)!/2\pi i\}I_k$ となる．最左辺は 1 となるので，$I_k = 2\pi i/(k-1)!$ と求めることができる．

6.5 複素関数 $f(z) = 1/(1 - z)$ を 1 階 ～ k 階の微分を実行すると，$f'(z) = (1-z)^{-2}$, $f''(z) = 2!(1-z)^{-3}, \ldots, f^{(k)}(z) = k!(1-z)^{-k-1}$. だから $f^{(k)}(0) = k!$. したがって，3 章の式 (3.21) を参照してテイラー展開は $1/(1-z) = 1 + z + z^2 + \cdots + z^k =$

$\sum_{k=0}^{\infty} z^k$. 収束半径は中心 $z=0$ と特異点 $z=1$ の距離となり 1.

6.6 積分路は原点 $(0,0)$ を中心とする半径 2 の円なので，この円内の特異点はともに 1 位の極の $z=\pm i$ である．だから，これらの特異点に対するそれぞれの留数 $\mathrm{Res}(f,i)$ と $\mathrm{Res}(f,-i)$ は，$\mathrm{Res}(f,i) = \lim_{z\to i}\{(z-i)[1/(z^2+1)]\} = 1/2i$, $\mathrm{Res}(f,-i) = \lim_{z\to -i}\{1/(z^2+1)]\} = -1/2i$. したがって，$I = 2\pi i\{\mathrm{Res}(f,i) + \mathrm{Res}(f,-i)\} = 2\pi i(1/2i - 1/2i) = 0$.

6.7 三角関数の指数表示 $\cos\theta = (1/2)(e^{i\theta} + e^{-i\theta})$ の関係を使うが，まず $e^{i\theta}=z$ とおくと，$dz = ie^{i\theta}d\theta = izd\theta$ の関係が得られる．この関係から $d\theta = (1/iz)dz$ となる．そして，積分範囲の 0 から 2π までは，半径 1 の円周上になる．したがって，積分は次のように書き換えることができる．$\int_0^{2\pi}\{1/(3+\cos\theta)\}d\theta = \oint_{C:|z|=1}[1/\{iz(3+(z+1/z)/2)\}]dz = (2/i)\oint_{C:|z|=1}\{1/(z^2+6z+1)\}dz = (2/i)I'$ とおく．この積分 I' の被積分関数 $f(z) = \{1/(z^2+6z+1)\}$ の特異点は分母を 0 にする z の値で決まるので，$z^2+6z+1=0$ より，$z = -3\pm 2\sqrt{2}$ となる．積分路 C の円内の特異点は 1 位の極の $z = -3+2\sqrt{2}$ だけである．したがって，I' の留数 $\mathrm{Res}(f,-3+2\sqrt{2})$ は，$\mathrm{Res}(f,-3+2\sqrt{2}) = \lim_{z\to -3+2\sqrt{2}}\{(z+3-2\sqrt{2})[1/(z_2+6z+1)]\} = 1/4\sqrt{2}$ となるので，$I' = 2\pi i\{\mathrm{Res}(f,-3+2\sqrt{2})\} = (\sqrt{2}/4)\pi i$. したがって，課題の積分 I は，$I = (2/i)(\sqrt{2}/4)\pi i = (\sqrt{2}/2)\pi$.

6.8 まず，$i^2 = -1$ と $e^{i\pi/2} = i$ を使うと，$z^4 + a^4 = (z^2+ia^2)(z^2-ia^2) = (z+i^{3/2}a)(z-i^{3/2}a)(z+i^{1/2}a)(z-i^{1/2}a)$, $z+i^{3/2}a = z+e^{i3\pi/4} = z-i^2 e^{i3\pi/4} = -e^{i\pi}e^{i3\pi/4} = z-e^{i7\pi/4}$, $z-i^{3/2}a = z-e^{i3\pi/4}a$, $z+i^{1/2}a = z-i^2 i^{1/2}a = z-e^{i\pi}e^{i\pi/4} = z-e^{i5\pi/4}$, $z-i^{1/2}a = z-e^{i\pi/4}a$ となるので，$z^4+a^4 = (z-e^{i\pi/4}a)(z-e^{i3\pi/4}a)(z-e^{i5\pi/4}a)(z-e^{i7\pi/4}a)$ となる．したがって $\lim_{z\to e^{i\pi/4}a}\{(z-e^{i\pi/4}a)[1/(z^4+a^4)]\} = \{(e^{i\pi/4}a - e^{i3\pi/4}a)(e^{i\pi/4}a - e^{i5\pi/4}a)(e^{i\pi/4}a - e^{i7\pi/4}a)\}^{-1} = (e^{-i3\pi/4}/a^3)\{(1-e^{i\pi/2})(1-e^{i\pi})(1-e^{i3\pi/2}))\}^{-1} = e^{-i3\pi/4}/4a^3$. ここで，$e^{i\pi/2} = \cos\pi/2 + i\sin\pi/2 = i$, $e^{i\pi} = \cos\pi + i\sin\pi = -1$, $e^{i3\pi/2} = \cos 3\pi/2 + i\sin 3\pi/2 = -i$ の関係を使い，$(1-e^{i\pi/2})(1-e^{i\pi})(1-e^{i3\pi/2}) = (1-i)\times 2\times(1+i) = (1-i^2)\times 2 = 4$ とした．

参考図書

　本書で物理数学の基本的な項目を数項目にわたって記述しましたが，小冊子であるために省略した個所も少なくないし，難しいと思われる事項は執筆を差し控えています．このことを考慮して，さらに詳しく学びたい人や少し高度な事項も知りたいと考えている読者の便宜のために，以下に参考図書を追記しておくことにします．

文　　献

1) 銀林浩著，遠山啓，矢野健太郎監修，「ベクトルと行列」，講談社，1979．ベクトルと行列を基礎からわかりやすく説明してある．行列については線形方程式や写像への応用など，応用についても詳しい．
2) 大槻義彦著，「div, grad, rot...」，共立出版，1993．ベクトルについて基礎事項を説明したあと，本のタイトル通り div, grad, rot について物理的な説明も含めて詳しく説明している．小冊子であるが充実していて好著．
3) 砂田利一著，「行列と行列式」，岩波書店，1995．行列と行列式について基礎から数学的にきちんと説明した基礎数学書である．
4) 戸田盛和，浅野功義著，「行列と1次変換」，岩波書店，1989．ベクトル，行列，逆行列のほか行列式についても誕生の経緯も含めて連立方程式との関係を述べている．このあと，1次変換（線形変換）について説明している．
5) 松下貢著，「物理数学」，裳華房，1999．物理数学について幅広く記述してある．それでいて結構詳しく述べてある好著．
6) 岸野正剛著，「今日から使える物理数学」，講談社，2004．微分方程式から始まって，ベクトル演算，複素関数，フーリエ変換まで面白く説明している．
7) 有馬朗人，神部勉著，「複素関数論」，共立出版，1991．複素関数論に特化している関係もあり，複素関数について詳しく説明した好著．
8) 都築卓司著，「なっとくする虚数・複素数の物理数学」，講談社，2000．複素関数の中の重要な基礎項目の虚数，複素数，留数などについて物理的な内容をやや詳しく面白く説明してある．応用を含めてやや高度のものも含まれている．
9) 小暮陽三著，「なっとくするフーリエ変換」，講談社，1999．フーリエの級数の発見から説き始めフーリエ級数の基礎と応用，デルタ関数，フーリエ変換とその応用，およびラプラス変換まで詳しく説明してある．
10) 藤田宏ら訳，図説数学事典，朝倉書店，1992．基礎数学について図をふんだんに使ってやさしく説明してある．基礎ではあるが少し高度な項目も含まれている．
11) 寺澤寛一著，数学概論，岩波書店，1947．数学の歴史的な名著．本書の関連では微分，積分，級数，微分方程式，および複素関数論などが扱われている．

索　　引

0 行列　20
1 階線形微分方程式　90
1 次変換　8, 26
1 次変換行列　26
2 階線形微分方程式　94
3 次元ベクトル　3, 19

curl　43

div　39, 42, 43
div A　40

grad　2, 39, 41
grad ϕ　40

n 位の極　169

rot　39, 43
rot A　41

あ　行

一般解　87

オイラーの公式　10, 71

か　行

解析接続　176, 177
解の重ね合わせ　95
ガウス平面　50

奇関数　113

基本ベクトル　16
逆行列　27–30
逆ベクトル　17
級数　63
行　20
行行列　22
行列　1, 20
　——のスカラー倍　22
　——の積　23
　——の和と差　23
行列式　32, 33
　——の計算方法　35
　——の性質　37
行列要素　20
極　169
極形式　138
虚数　48
虚数単位　48
近似計算　72, 75
近似式　73, 74

偶関数　113
グリーンの定理　157
グルサの公式　161
クロネッカーのデルタ記号　117

原始関数　58, 59

項別微分　120
コーシーの積分公式　159, 160
コーシーの積分定理　155, 156
コーシーの定理　67, 68, 156
コーシー–リーマン方程式　146–148

索　引

孤立特異点　166

さ 行

サラスの方法　36
三角不等式　138

写像　8, 141
周回積分　155
集合　8
収束円　163
収束半径　163
純虚数　48
常微分方程式　85

数ベクトル　21
数列　63
スカラー3重積　45
スカラー積　18, 19
スカラー倍　18, 22
スターリングの公式　72

正則　145
正則関数　146
正則性　145
正則点　145
正方行列　21
積分　57
ゼロベクトル　17
線形関係　25
線形写像　26
線形微分方程式　86
線形変換　26
線形変換行列　26

双曲線関数　142

た 行

多価関数　143
縦行列　21
単位行列　21
単位ベクトル　16

置換積分法　60
調和関数　149
直交関係　122

定係数1階線形微分方程式　87
定係数2階線形微分方程式　87, 94, 95, 98
定係数微分方程式　87
定係数連立1階線形微分方程式　104
定数変化法　93, 101
定積分　57
テイラー級数　65, 68
テイラーの公式　65
ディラックのデルタ関数　123, 124
デカルト座標　16
デターミナント　32
展開式　65

等角写像　150, 151, 153
導関数　52
同次形微分方程式　89
同次形法　89
同次微分方程式　87
同次方程式　90, 91, 95
特異解　88
特異点　146, 159, 163, 168
特殊解　88
特性方程式　96
特解　88

な 行

ナブラ　46
ナブラ2乗　46

は 行

微係数　52
非線形微分方程式　86
非同次項　87
非同次微分方程式　87
非同次方程式　87, 90, 93, 98
微分　52
微分演算子　39, 40
微分公式　54, 55

索　引

微分方程式　82, 84
　——の階数　85
　——の次数　85

複素関数のテイラー展開　163
複素共役　49
複素三角関数　141
複素指数関数　140
複素数　48, 49
複素積分　154
複素対数関数　143
複素多項式　140
複素フーリエ級数　121, 122
複素フーリエ係数　122
複素平面　50
不定積分　58
部分積分法　61
フーリエ解析　109
フーリエ逆変換　126, 128
フーリエ級数　111
フーリエ級数展開　109
フーリエ係数　111, 115
フーリエ正弦級数　113, 114
フーリエ変換　126, 127
フーリエ余弦級数　113, 114

平均値の定理　68
べき級数　65
ベクトル　1, 15
　——の外積　18
　——の掛け算　17
　——の加法　16
　——の内積　18
ベクトル3重積　46
ベクトル積　18–20
ベクトル場　15, 39
ベクトル微分演算子　40
偏角　50, 51, 137, 138

——の主値　51, 138
変換　8
変数分離形　88
変数分離形法　88
偏導関数　56
偏微分係数　56
偏微分方程式　85

ま　行

マクローリン級数　69–71, 74
マトリックス　32

未定係数法　92, 98

や　行

有限確定　145
有理関数　140

横行列　22

ら　行

ラグランジュの剰余　66, 75
ラプラシアン　46
ラプラス逆変換　131, 132
ラプラス変換　129
ラプラス方程式　149, 150

留数　166, 168
　——の定理　169

列　20
列行列　22
連立微分方程式　104

ローラン展開　163, 166

著者略歴

岸野 正剛
（きし の せいごう）

1938 年　岡山県に生まれる
1962 年　大阪大学工学部精密工学科卒業
　　　　　株式会社日立製作所中央研究所，姫路工業
　　　　　大学教授，福井工業大学教授を経て
現　在　姫路工業大学名誉教授
　　　　　工学博士

納得しながら学べる物理シリーズ 5
納得しながら物理数学　　　　　　　　定価はカバーに表示

2016 年 6 月 20 日　初版第 1 刷

著　者　岸　野　正　剛
発行者　朝　倉　誠　造
発行所　株式会社　朝　倉　書　店
　　　　東京都新宿区新小川町 6-29
　　　　郵便番号　162-8707
　　　　電話　03(3260)0141
　　　　FAX　03(3260)0180
　　　　http://www.asakura.co.jp

〈検印省略〉

© 2016〈無断複写・転載を禁ず〉　　中央印刷・渡辺製本

ISBN 978-4-254-13645-6　C 3342　　Printed in Japan

JCOPY　〈(社)出版者著作権管理機構 委託出版物〉

本書の無断複写は著作権法上での例外を除き禁じられています．複写される場合は，そのつど事前に，((社)出版者著作権管理機構(電話 03-3513-6969，FAX 03-3513-6979，e-mail: info@jcopy.or.jp) の許諾を得てください．

前千葉大 夏目雄平著
やさしく物理
—力・熱・電気・光・波—
13118-5 C3042　　　　A5判 144頁 本体2500円

理工系の素養、物理学の基礎の基礎を、楽しい演示実験解説を交えてやさしく解説。〔内容〕力学の基本／エネルギーと運動量／固い物体／柔らかい物体／熱力学とエントロピー／波／光の世界／静電気／電荷と磁界／電気振動と永遠の世界

福岡大 守田 治著
基礎解説 力学
13115-4 C3042　　　　A5判 176頁 本体2400円

理工系全体対象のスタンダードでていねいな教科書。〔内容〕序／運動学／力と運動／慣性力／仕事とエネルギー／振動／質点系と剛体の力学／運動量と力積／角運動量方程式／万有引力と惑星の運動／剛体の運動／付録

前東邦大 小野嘉之著
シリーズ〈これからの基礎物理学〉1
初歩の統計力学を取り入れた 熱力学
13717-0 C3342　　　　A5判 216頁 本体2900円

理科系共通科目である「熱力学」の現代的な学び方を提起する画期的テキスト。統計力学的な解釈を最初から導入し、マクロな系を支えるミクロな背景を理解しつつ熱力学を学ぶ。とりわけ物理学を専門としない学生に望まれる「熱力学」基礎。

岡山大 五福明夫著
電磁気学 15 講
22062-9 C3054　　　　A5判 184頁 本体2700円

工学系学部初級向け教科書。丁寧な導入と豊富な例題が特徴。〔内容〕直流回路／電荷・電界／ガウスの法則／電位／導体／静電エネルギー／磁界／アンペールの法則／ビオ-サバールの法則／ローレンツ力／電磁誘導／マクスウェルの方程式

横浜国立大 荻野俊郎著
エッセンシャル 応用物性論
21043-9 C3050　　　　A5判 208頁 本体3200円

理工系全体向けに書かれた物性論の教科書。〔内容〕原子を結びつける力／固体の原子構造／格子振動と比熱／金属の自由電子論／エネルギーバンド理論／半導体／接合論／半導体デバイス／誘電体／光物性／磁性／ナノテクノロジー

◆ 納得しながら学べる物理シリーズ〈全5巻〉 ◆
難しい数学を使わずに物理の基本がわかる初学者向けテキスト

前兵庫県大 岸野正剛著
納得しながら学べる物理シリーズ1
納得しながら 量子力学
13641-8 C3342　　　　A5判 228頁 本体3200円

納得しながら理解ができるよう懇切丁寧に解説。〔内容〕シュレーディンガー方程式と量子力学の基本概念／具体的な物理現象への適用／量子力学の基本事項と規則／近似法／第二量子化と場の量子論／マトリックス力学／ディラック方程式

前兵庫県大 岸野正剛著
納得しながら学べる物理シリーズ2
納得しながら 基礎力学
13642-5 C3342　　　　A5判 192頁 本体2700円

物理学の基礎となる力学を丁寧に解説。〔内容〕古典物理学の誕生と力学の基礎／ベクトルの物理／等速運動と等加速度運動／運動量と力積および摩擦力／円運動、単振動、天体の運動／エネルギーとエネルギー保存の法則／剛体および流体の力学

前兵庫県大 岸野正剛著
納得しながら学べる物理シリーズ3
納得しながら 電磁気学
13643-2 C3342　　　　A5判 216頁 本体3200円

基礎を丁寧に解説〔内容〕電気と磁気／真空中の電荷・電界、ガウスの法則／導体の電界、電位、電気力／誘電体と静電容量／電流と抵抗／磁気と磁界／電流の磁気作用／電磁誘導とインダクタンス／変動電流回路／電磁波とマクスウェル方程式

前兵庫県大 岸野正剛著
納得しながら学べる物理シリーズ4
納得しながら 電子物性
13644-9 C3342　　　　A5判 212頁 本体3400円

基礎を丁寧に解説〔内容〕物性を学ぶ上で抑えておくべき基礎事項／結晶の構造／物質のマクロな性質を決める量子統計／エネルギーバンドとフェルミ準位／熱現象／電気伝導／半導体／半導体の応用／磁性と誘電体／超伝導と光物性

上記価格(税別)は2016年5月現在